Utilize este código QR para se cadastrar de forma mais rápida:

Ou, se preferir, entre em:

www.moderna.com.br/ac/livroportal

e siga as instruções para ter acesso aos conteúdos exclusivos do

Portal e Livro Digital

CÓDIGO DE ACESSO:

A 00514 BUPGEOG1E 4 08504

Faça apenas um cadastro. Ele será válido para:

Da semente ao livro,
sustentabilidade por todo o caminho

Plantar florestas
A madeira que serve de matéria-prima para nosso papel vem de plantio renovável, ou seja, não é fruto de desmatamento. Essa prática gera milhares de empregos para agricultores e ajuda a recuperar áreas ambientais degradadas.

Fabricar papel e imprimir livros
Toda a cadeia produtiva do papel, desde a produção de celulose até a encadernação do livro, é certificada, cumprindo padrões internacionais de processamento sustentável e boas práticas ambientais.

Criar conteúdos
Os profissionais envolvidos na elaboração de nossas soluções educacionais buscam uma educação para a vida pautada por curadoria editorial, diversidade de olhares e responsabilidade socioambiental.

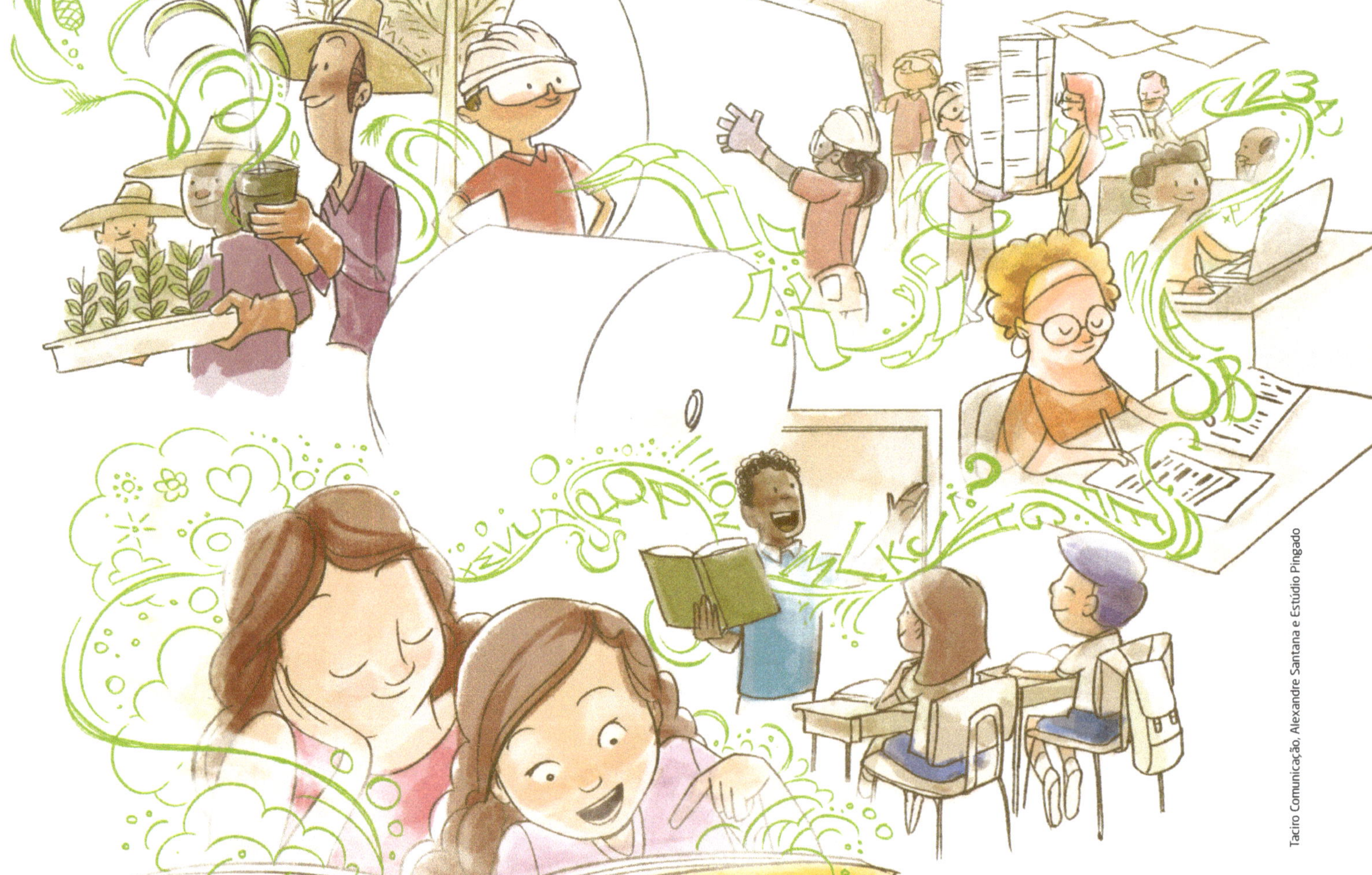

Construir projetos de vida
Oferecer uma solução educacional Moderna é um ato de comprometimento com o futuro das novas gerações, possibilitando uma relação de parceria entre escolas e famílias na missão de educar!

Apoio:
www.twosides.org.br

Fotografe o Código QR e conheça melhor esse caminho.
Saiba mais em *moderna.com.br/sustentavel*
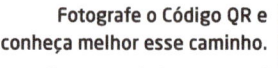

Organizadora: Editora Moderna
Obra coletiva concebida, desenvolvida
e produzida pela Editora Moderna.

Editor Executivo:
Cesar Brumini Dellore

NOME: ....

....TURMA: ....

ESCOLA: ....

....

1ª edição

© Editora Moderna, 2018

Elaboração dos originais

Carlos Vinicius Xavier
Bacharel e licenciado em Geografia pela Universidade de São Paulo. Mestre em Ciências, no programa: Geografia (Geografia Humana), área de concentração: Geografia Humana, pela Universidade de São Paulo. Editor.

Juliana Maestu
Bacharel e licenciada em Geografia pela Universidade de São Paulo.
Editora.

Lina Youssef Jomaa
Bacharel e licenciada em Geografia pela Universidade de São Paulo.
Editora.

Denise Cristina Christov Pinesso
Bacharel e licenciada em Geografia pela Universidade de São Paulo.
Mestre em Ciências, área de concentração: Geografia Física, pela Universidade de São Paulo. Professora.

Vanessa Rezene dos Santos
Bacharel e licenciada em Geografia pela Universidade de São Paulo. Professora.

Jogo de apresentação das *7 atitudes para a vida*

Gustavo Barreto
Formado em Direito pela Pontifícia Universidade Católica (SP). Pós-graduado em Direito Civil pela mesma instituição. Autor dos jogos de tabuleiro (*boardgames*) para o público infantojuvenil: Aero, Tinco, Dark City e Curupaco.

Coordenação editorial: Lina Youssef Jomaa
Edição de texto: Lina Youssef Jomaa, Juliana Maestu, Carlos Vinicius Xavier, Anaclara Volpi Antonini
Gerência de *design* e produção gráfica: Everson de Paula
Coordenação de produção: Patricia Costa
Suporte administrativo editorial: Maria de Lourdes Rodrigues
Coordenação de *design* e projetos visuais: Marta Cerqueira Leite
Projeto gráfico: Daniel Messias, Daniela Sato, Mariza de Souza Porto
Capa: Daniel Messias, Otávio dos Santos, Mariza de Souza Porto, Cristiane Calegaro
 Ilustração: Raul Aguiar
Coordenação de arte: Denis Torquato
Edição de arte: Flavia Maria Susi
Editoração eletrônica: Flavia Maria Susi
Coordenação de revisão: Elaine C. del Nero
Revisão: Ana Cortazzo, Dirce Y. Yamamoto, Nair H. Kayo, Renata Brabo, Rita de Cássia Sam, Salete Brentan, Sandra G. Cortés, Tatiana Malheiro
Coordenação de pesquisa iconográfica: Luciano Baneza Gabarron
Pesquisa iconográfica: Camila Soufer, Junior Rozzo
Coordenação de *bureau*: Rubens M. Rodrigues
Tratamento de imagens: Marina M. Buzzinaro, Luiz Carlos Costa, Joel Aparecido, Fernando Bertolo
Pré-impressão: Alexandre Petreca, Everton L. de Oliveira, Marcio H. Kamoto, Vitória Sousa
Coordenação de produção industrial: Wendell Monteiro
Impressão e acabamento: HRosa Gráfica e Editora
Lote: 797649
Cod: 12112998

Dados Internacionais de Catalogação na Publicação (CIP)
(Câmara Brasileira do Livro, SP, Brasil)

Buriti plus geografia / organizadora Editora Moderna ; obra coletiva concebida, desenvolvida e produzida pela Editora Moderna. – 1. ed. – São Paulo : Moderna, 2018. (Projeto Buriti)

Obra em 4 v. para alunos do 2º ao 5º ano.

1. Geografia (Ensino fundamental)

18-17152   CDD-372.891

Índices para catálogo sistemático:
1. Geografia : Ensino fundamental   372.891
Maria Alice Ferreira – Bibliotecária – CRB–8/7964

ISBN 978-85-16-11299-8 (LA)
ISBN 978-85-16-11300-1 (GR)

Reprodução proibida. Art. 184 do Código Penal e Lei 9.610 de 19 de fevereiro de 1998.
Todos os direitos reservados
EDITORA MODERNA LTDA.
Rua Padre Adelino, 758 – Belenzinho
São Paulo – SP – Brasil – CEP 03303-904
Vendas e Atendimento: Tel. (0_ _11) 2602-5510
Fax (0_ _11) 2790-1501
www.moderna.com.br
2024
Impresso no Brasil

1 3 5 7 9 10 8 6 4 2

Que tal começar o ano conhecendo seu livro?

Veja nas páginas 6 e 7 como ele está organizado.

Nas páginas 8 e 9, você fica sabendo os assuntos que vai estudar.

Neste ano, também vai **conhecer** e colocar em **ação** algumas **atitudes** que ajudarão você a **conviver** melhor com as pessoas e a **solucionar problemas**.

7 atitudes para a vida

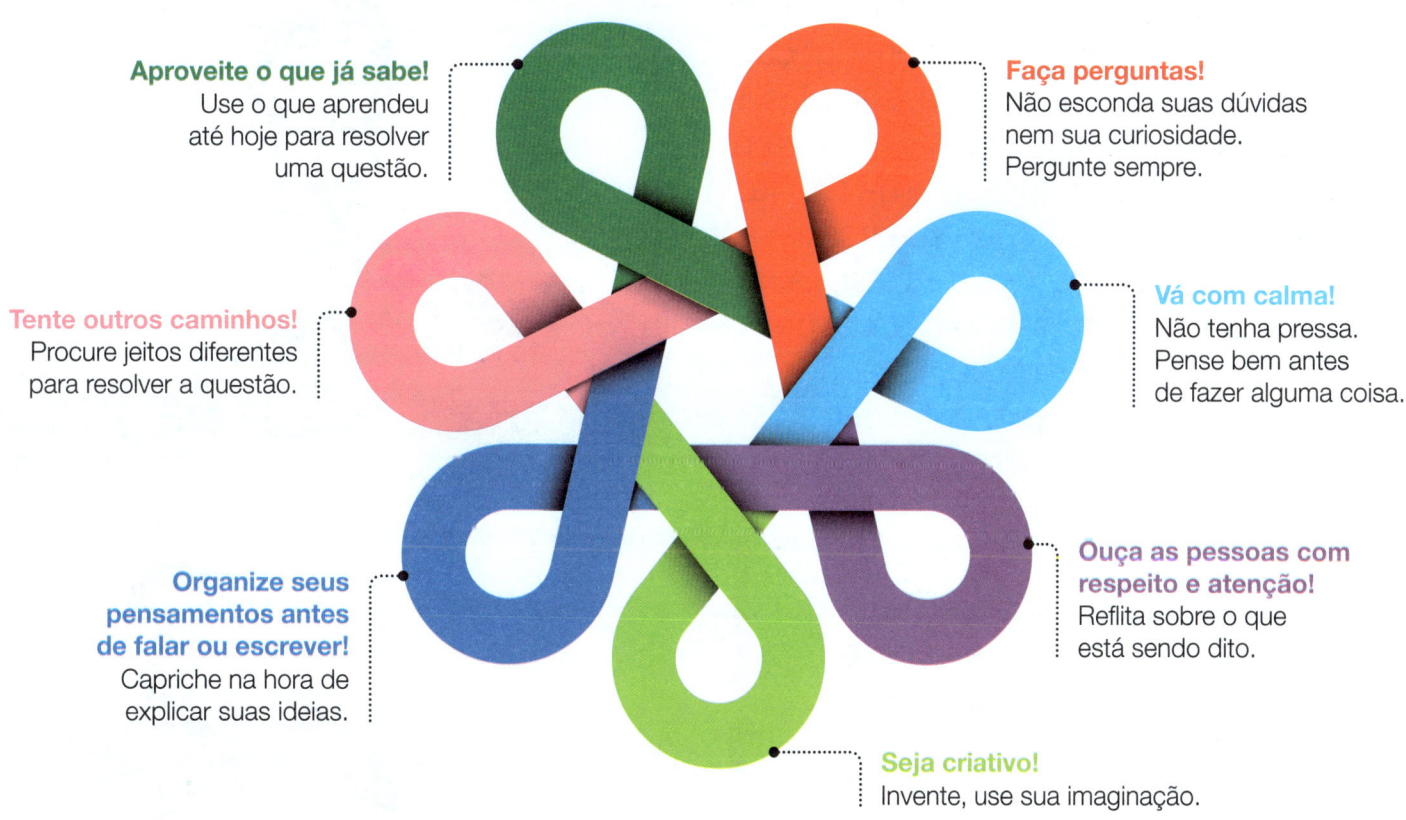

Aproveite o que já sabe!
Use o que aprendeu até hoje para resolver uma questão.

Faça perguntas!
Não esconda suas dúvidas nem sua curiosidade. Pergunte sempre.

Tente outros caminhos!
Procure jeitos diferentes para resolver a questão.

Vá com calma!
Não tenha pressa. Pense bem antes de fazer alguma coisa.

Organize seus pensamentos antes de falar ou escrever!
Capriche na hora de explicar suas ideias.

Ouça as pessoas com respeito e atenção!
Reflita sobre o que está sendo dito.

Seja criativo!
Invente, use sua imaginação.

Nas páginas 4 e 5, há um jogo para você começar a praticar cada uma dessas atitudes. Divirta-se!

Montando o telescópio

Carolina ganhou um telescópio. Era aniversário dela!

Mas qual não foi a surpresa da menina ao abrir a caixa: o telescópio estava desmontado!

Carolina está enfrentando algumas dificuldades para montar o telescópio. No entanto, se ela tomar as atitudes adequadas, tudo será mais fácil. Vamos ajudá-la?

Escolha, do quadro ao lado, a melhor atitude para cada situação pela qual Carolina passar e anote o número correspondente a essa atitude no quadrinho.

> 1. Faça perguntas!
> 2. Tente outros caminhos!
> 3. Organize seus pensamentos!
> 4. Aproveite o que já sabe!
> 5. Seja criativo!
> 6. Vá com calma!
> 7. Ouça as pessoas com respeito e atenção!

☐ Carolina começou a tirar as peças da caixa e já ia rosqueando uma peça aqui, encaixando outra acolá. Mas isso não estava dando certo... Sobraram algumas peças que Carolina não fazia a menor ideia de onde se encaixavam. Tentando ajudar, Agenor disse para a filha ter calma e ler o manual de instruções antes de começar a montar o telescópio.

☐ Agenor explicou a Carolina que, por ser grande e frágil, o telescópio vinha desmontado. Assim, seria mais difícil de o equipamento se quebrar durante o transporte. Ele também explicou que é necessário ler com calma e atenção o manual de instruções para montar o telescópio corretamente.

☐ Carolina decidiu ler o manual de instruções. Mas não conseguiu entender o significado de algumas palavras. Então, correu até o pai e fez algumas perguntas e logo descobriu o que queria!

☐ No manual, Carolina viu que cada peça tinha um número e, para montar o telescópio, era preciso encaixar as peças seguindo a ordem numérica indicada no manual.

☐ A menina se lembrou de quando ajudou a mãe a fazer um bolo: elas separaram os ingredientes necessários, organizando-os de acordo com a ordem em que seriam utilizados. Então, Carolina dispôs as peças do telescópio da mesma maneira e começou a montá-lo.

☐ Pronto, o telescópio estava montado! Mas, na hora de colocá-lo no suporte, a peça caiu e a trava quebrou. Chateada, Carolina pegou fita adesiva e tentou fixar a trava, mas não deu certo. E agora, o que fazer? Foi falar com o pai e pediu-lhe ajuda para fixar a trava com uma cola especial que eles tinham em casa.

☐ Carolina levou o telescópio até a janela e percebeu que, se ventasse um pouco mais forte, a janela poderia se fechar e derrubar o telescópio. Pensou, pensou... Encontrou a solução: com um barbante, amarrou a janela a um prego, onde, de vez em quando, a mãe pendurava um vaso de flores. Agora, sim, poderia observar o céu tranquilamente!

Conheça seu livro

Seu livro está dividido em 4 unidades. Veja o que você vai encontrar nele.

Abertura da unidade

Nas páginas de abertura, você vai explorar imagens e perceber que já sabe muitas coisas!

Capítulos e atividades

Você vai aprender muitas coisas novas ao estudar o capítulo e fazer as atividades!

Palavras que talvez você não conheça são explicadas neste boxe verde.

O mundo que queremos

Nesta seção, você vai ler, refletir e realizar atividades sobre atitudes: como se relacionar com as pessoas, valorizar e respeitar diferentes culturas, preservar a natureza e cuidar da saúde.

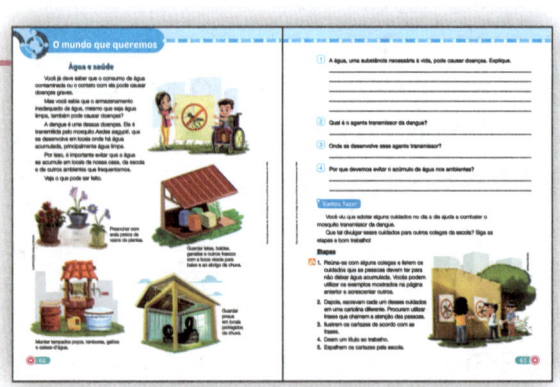

Para ler e escrever melhor

Você vai ler um texto e perceber como ele está organizado.

Depois, vai escrever um texto com a mesma organização. Assim, você vai aprender a ler e a escrever melhor.

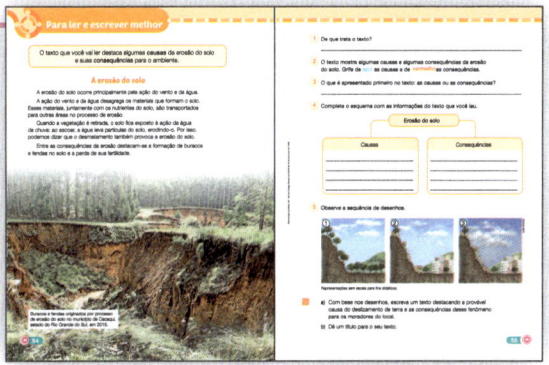

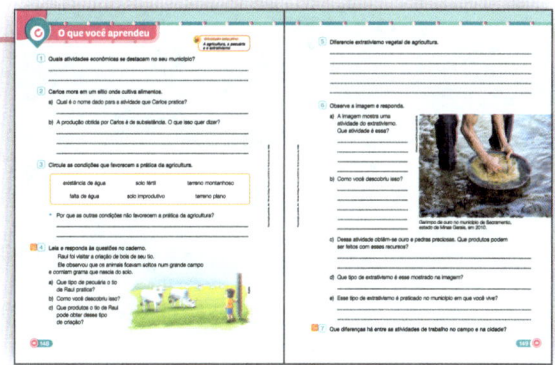

O que você aprendeu

Atividades para você rever o que estudou na unidade e utilizar o que aprendeu em outras situações.

 ÍCONES UTILIZADOS

Ícones que indicam como realizar algumas atividades:

 Atividade oral

 Atividade no caderno

 Atividade em dupla

 Atividade em grupo

 Desenho ou pintura

Ícone que indica 7 atitudes para a vida:

Ícone que indica os objetos digitais:

Sumário

UNIDADE 1 — O território brasileiro 10

Capítulo 1. Localizando o território brasileiro 12

- O mundo que queremos: *Crianças da América do Sul* 22

Capítulo 2. A divisão política do Brasil 24

Capítulo 3. O Brasil e suas regiões 32

- Para ler e escrever melhor: *As divisões regionais do Brasil* 36

- O que você aprendeu 38

UNIDADE 2 — A natureza brasileira 46

Capítulo 1. O relevo 48

- Para ler e escrever melhor: *A erosão do solo* 54

Capítulo 2. A hidrografia 56

- O mundo que queremos: *Água e saúde* 62

Capítulo 3. O clima 64

Capítulo 4. A vegetação 74

- O que você aprendeu 80

UNIDADE 3 • A população brasileira — 86

Capítulo 1. Todos nós fazemos parte da população 88

Capítulo 2. A formação da população brasileira: uma mistura de povos 92

- O mundo que queremos: *Minha vida no Brasil* 96

Capítulo 3. Os indígenas brasileiros na atualidade 98

Capítulo 4. Os afrodescendentes na atualidade 102

Capítulo 5. A diversidade cultural brasileira 105

- Para ler e escrever melhor: *A história da pizza* 110

- O que você aprendeu 112

UNIDADE 4 • População e trabalho — 116

Capítulo 1. A população e as atividades econômicas 118

Capítulo 2. As atividades agropecuárias 121

- Para ler e escrever melhor: *A agricultura comercial* 130

Capítulo 3. Os recursos naturais e a atividade extrativa 132

- O mundo que queremos: *Petróleo: um dia ele vai acabar* 138

Capítulo 4. A atividade industrial, o comércio e os serviços 140

Capítulo 5. Relações entre campo e cidade 145

- O que você aprendeu 148

UNIDADE 1
O território brasileiro

Vamos conversar

1. O livro de Geografia do menino mostra imagens que representam dois locais. Quais são esses locais?
2. Na imagem 1, o que as linhas brancas representam? E na imagem 2?
3. Na imagem 2, o que as linhas vermelhas representam?

Localizando o território brasileiro

O Brasil na América

O Brasil está situado na América, que é um dos seis continentes da Terra. Os outros continentes são: África, Ásia, Europa, Oceania e Antártida.

Os continentes e as ilhas correspondem às **terras emersas**, isto é, às terras que não estão cobertas por água. As terras emersas representam um terço de toda a superfície terrestre; o restante é coberto pela água dos oceanos, mares, lagos e rios.

Veja, no mapa a seguir, a distribuição dos continentes e dos oceanos. Observe, também, a localização do território brasileiro.

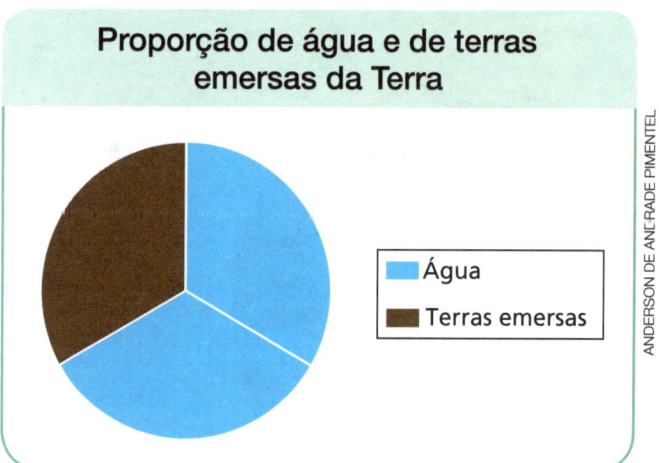

Fonte: Agência Nacional de Águas (ANA). *A água no planeta para crianças*. Disponível em: <http://mod.lk/agmundo>. Acesso em: 17 maio 2018.

Se pudéssemos dividir a superfície da Terra em três partes iguais, a quantidade de água corresponderia a duas partes, e a de terras emersas, a uma parte.

Fonte: IBGE. *Atlas geográfico escolar*. 7. ed. Rio de Janeiro: IBGE, 2016.

1. Quais oceanos banham o continente americano?

_____

2. Algum desses oceanos banha o Brasil? Se sim, qual?

_____

Você reparou que o mapa da página anterior tem alguns elementos que auxiliam a sua leitura? Por exemplo: o **título** de um mapa indica quais informações ele apresenta.

3 Observe o mapa da página anterior e responda.

Audiovisual
Representações do espaço geográfico

a) Qual é o título do mapa?

_____
_____
_____

b) O que o mapa mostra?

_____
_____
_____

c) Em sua opinião, o título do mapa é coerente com as informações que ele apresenta? Justifique sua resposta.

Além do título, outros elementos são importantes para ler e compreender um mapa: a legenda, a orientação, a escala e a fonte.

- **Legenda:** indica o significado dos símbolos e das cores utilizados no mapa.

- **Orientação:** indica a direção do mapa. Geralmente indica a direção norte.

- **Escala:** indica a relação entre a medida real e a medida representada no mapa. A escala do mapa da página anterior é de 1 : 2.340 km (lê-se 1 para 2.340 quilômetros). Essa escala indica que um centímetro representado no mapa corresponde a 2.340 quilômetros na realidade.

- **Fonte:** fornece a origem das informações apresentadas no mapa.

4 Observe novamente o mapa da página anterior e responda às questões.

a) De que modo a legenda auxilia na leitura do mapa?

b) Se esse mapa não tivesse legenda, você conseguiria reconhecer e identificar cada um dos continentes? Por quê?

c) Com base em informações de qual documento esse mapa foi elaborado?

d) Qual é a direção do mapa?

5 Observe o mapa e faça o que se pede.

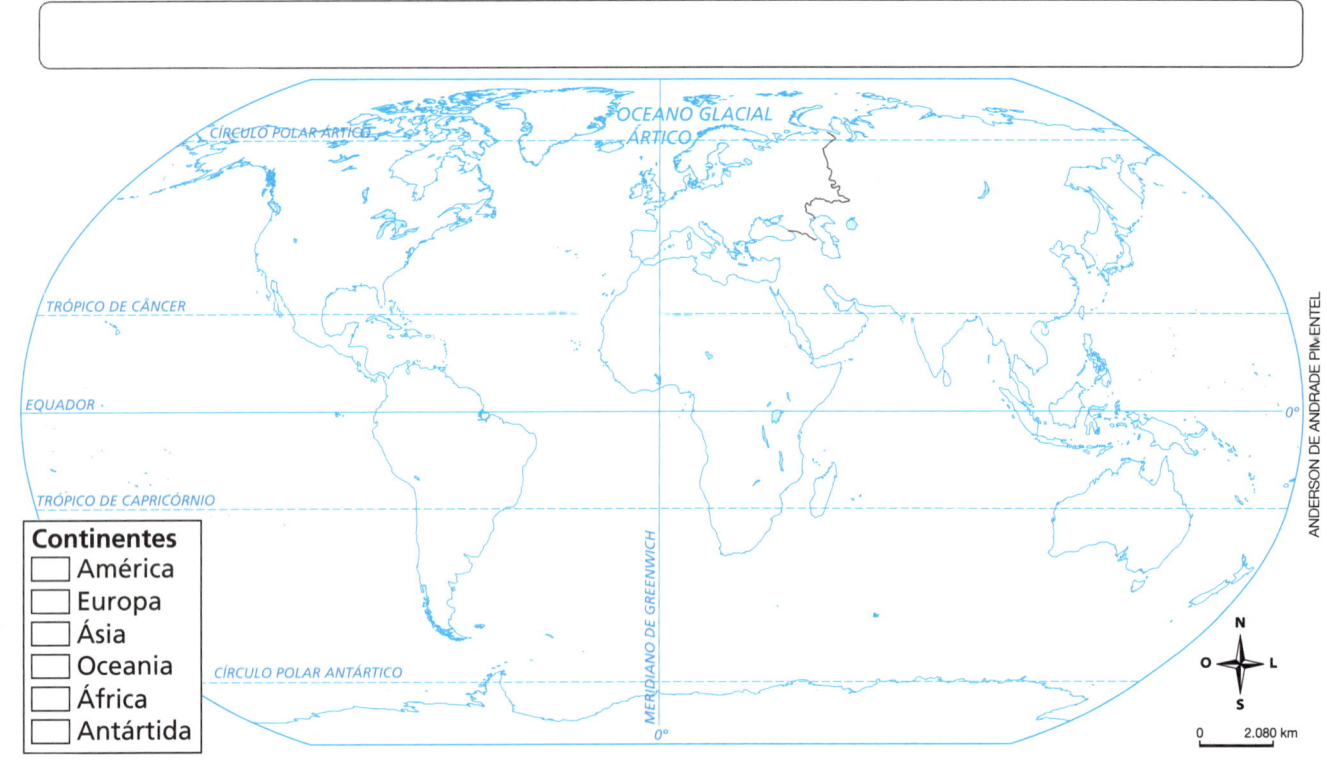

Fonte: IBGE. *Atlas geográfico escolar*. 7. ed. Rio de Janeiro: IBGE, 2016.

a) Pinte cada continente de uma cor e preencha a legenda.

b) Escreva, no mapa, o nome dos oceanos que estão faltando e pinte-os de azul.

c) Escreva um título para esse mapa.

6 Os continentes agrupam diversos países. Procure, em um atlas geográfico, um planisfério que mostre os países que formam os continentes.

a) Escreva o nome de dois países localizados nestes continentes:

- América: _____
- África: _____
- Europa: _____
- Ásia: _____
- Oceania: _____

b) A Antártida é dividida em países? Você sabe por quê? Converse com um colega sobre isso.

7 Leia o texto.

Os aros olímpicos

Certamente você já ouviu falar dos Jogos Olímpicos.

Você também já deve ter visto um dos símbolos olímpicos. Ele é formado por cinco aros coloridos e entrelaçados sobre um fundo branco. Cada aro representa um dos continentes habitados: América, Ásia, Europa, África e Oceania. Esses aros estão entrelaçados para simbolizar a união entre a

O francês Pierre de Fredy idealizou os aros olímpicos.

humanidade, ou seja, a união entre os diferentes povos do mundo. Esse símbolo é utilizado desde 1920, quando os Jogos Olímpicos foram realizados na cidade de Antuérpia, na Bélgica. Foi nesse ano que o Brasil participou pela primeira vez dos Jogos Olímpicos.

a) Pesquise informações sobre a origem dos Jogos Olímpicos e escreva um pequeno texto contando suas descobertas.

- Procure, em livros, revistas, jornais e na internet, onde, quando e com que finalidade os Jogos Olímpicos surgiram, quais modalidades esportivas eram praticadas, quem podia participar das competições, qual era o prêmio etc.

A pesquisa requer **atenção e calma**. Se achar necessário, **tente outros caminhos** para encontrar as informações.

b) O quadro abaixo mostra datas e cidades onde foram realizados dez Jogos Olímpicos.

Jogos Olímpicos – 1980 a 2016	
1980 – Moscou	2000 – Sydney
1984 – Los Angeles	2004 – Atenas
1988 – Seul	2008 – Beijing
1992 – Barcelona	2012 – Londres
1996 – Atlanta	2016 – Rio de Janeiro

- Com a ajuda de um atlas geográfico, identifique os países e continentes onde essas cidades se localizam.
- Em qual dos cinco continentes habitados não foram realizados os Jogos Olímpicos entre 1980 e 2016?

O continente americano

O continente americano é dividido em três partes: América do Norte, América Central e América do Sul. Cada uma dessas partes é formada por vários países, que apresentam grande diversidade de povos e de paisagens.

No mapa desta página, observe os países que compõem cada parte da América.

Fonte: Graça M. L. Ferreira. *Atlas geográfico*: espaço mundial. 4. ed. São Paulo: Moderna, 2013.

O Brasil é um país sul-americano

O Brasil ocupa boa parte da América do Sul, fazendo fronteira com quase todos os países sul-americanos. Observe isso no mapa abaixo.

Fonte: IBGE. *Atlas geográfico escolar*. 7. ed. Rio de Janeiro: IBGE, 2016.

8 Quais países sul-americanos não fazem fronteira com o Brasil?

_____

9 Escreva o nome de quatro países que fazem fronteira com o Brasil.

_____
_____

10 Imagine que você vai fazer uma viagem do Brasil ao Chile. Para chegar ao seu destino, você poderá passar apenas por um país da América do Sul. Por quais países você poderá passar?

17

O Brasil nos hemisférios

Você já reparou que existem várias linhas traçadas no globo e em diversos mapas?

Você sabe o que são essas linhas e para que servem?

As linhas traçadas no globo e nos mapas são os **paralelos** e os **meridianos**. Essas linhas são traçadas para facilitar a localização de qualquer lugar na superfície do planeta. Elas são chamadas de **linhas imaginárias**.

Os paralelos são as linhas traçadas paralelamente à linha do Equador.

Os principais paralelos são: **Equador, Trópico de Capricórnio, Trópico de Câncer, Círculo Polar Ártico** e **Círculo Polar Antártico**.

Os meridianos são as linhas traçadas de um polo a outro. O principal meridiano é o de **Greenwich**.

Tomando como referência a linha do Equador e o Meridiano de Greenwich, o planeta pode ser dividido em hemisférios.

O Equador divide o planeta em **hemisfério norte** e **hemisfério sul**.

O Meridiano de Greenwich divide o planeta em **hemisfério oeste** ou **ocidental** e **hemisfério leste** ou **oriental**.

MAPAS: FERNANDO JOSÉ FERREIRA

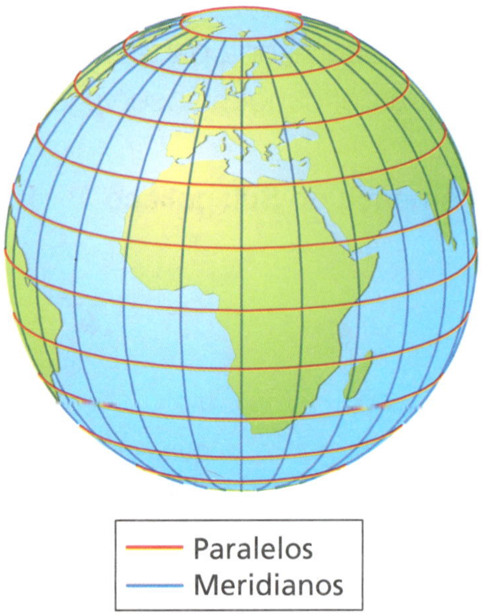

11 Em que hemisférios o Brasil se localiza?

____

____

____

____

____

____

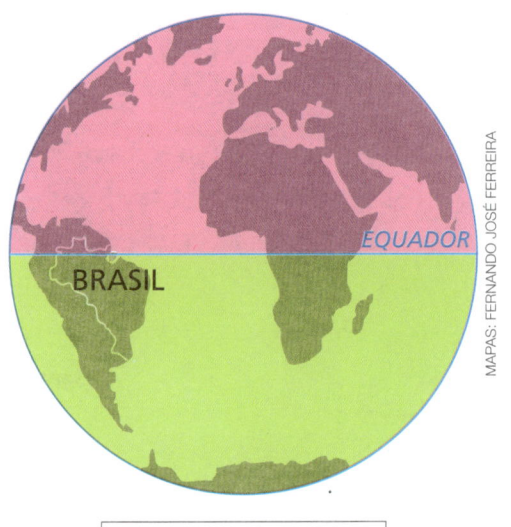

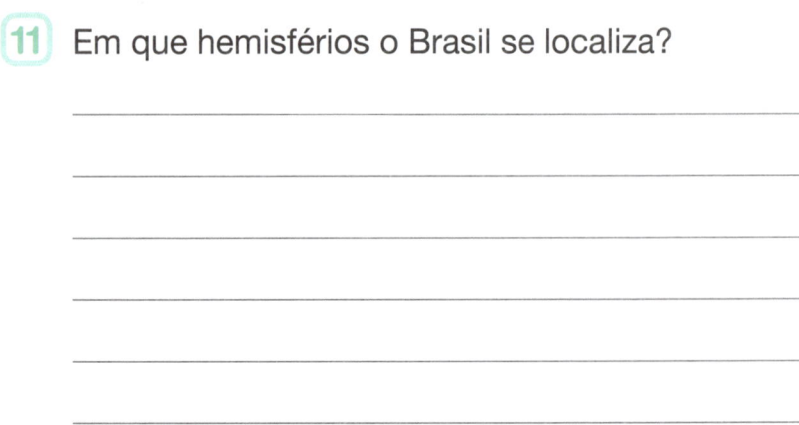

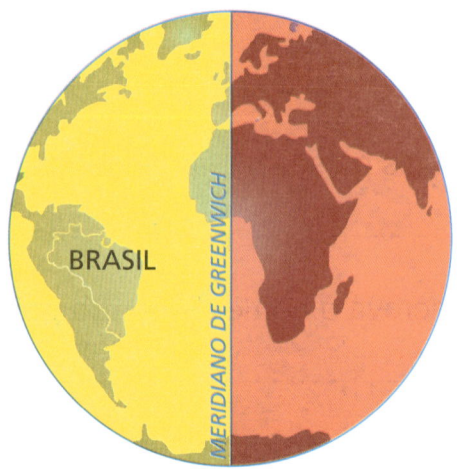

Fonte das representações: IBGE. *Atlas geográfico escolar*. 7. ed. Rio de Janeiro: IBGE, 2016.

Representações sem escala para fins didáticos.

12 Pinte os mapas de acordo com as legendas. Depois responda.

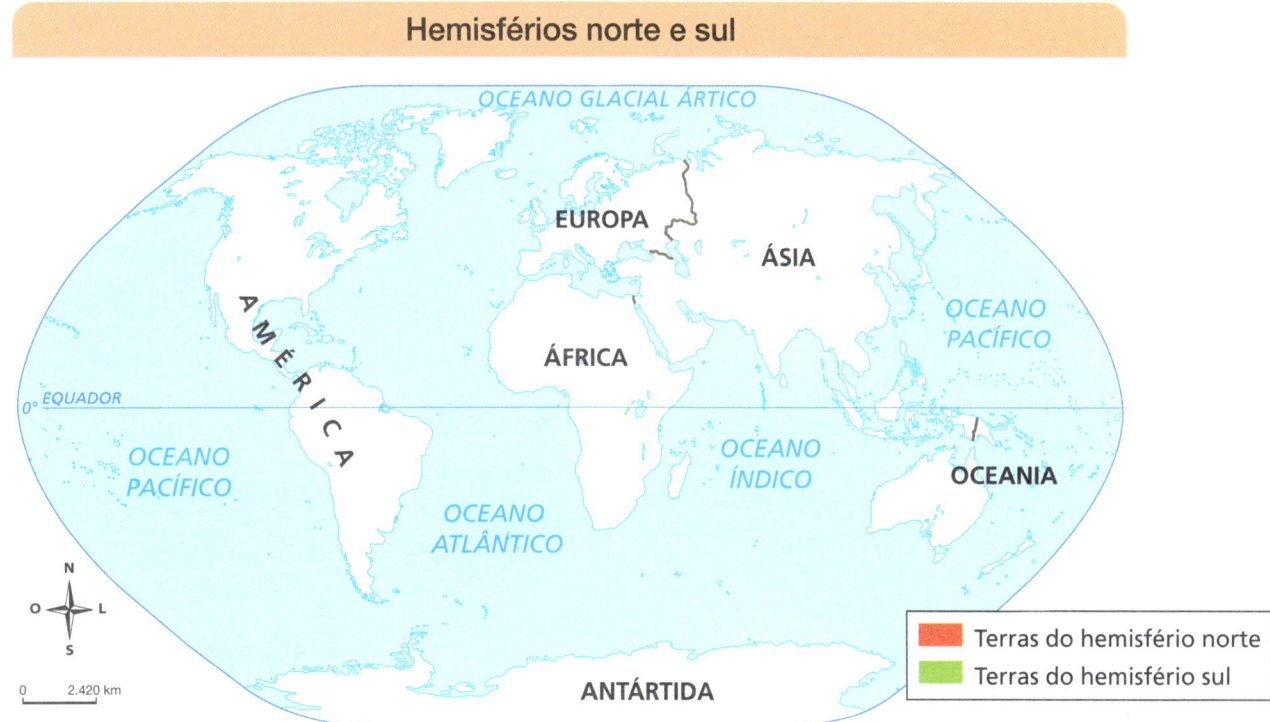

Fonte: IBGE. *Atlas geográfico escolar*. 7. ed. Rio de Janeiro: IBGE, 2016.

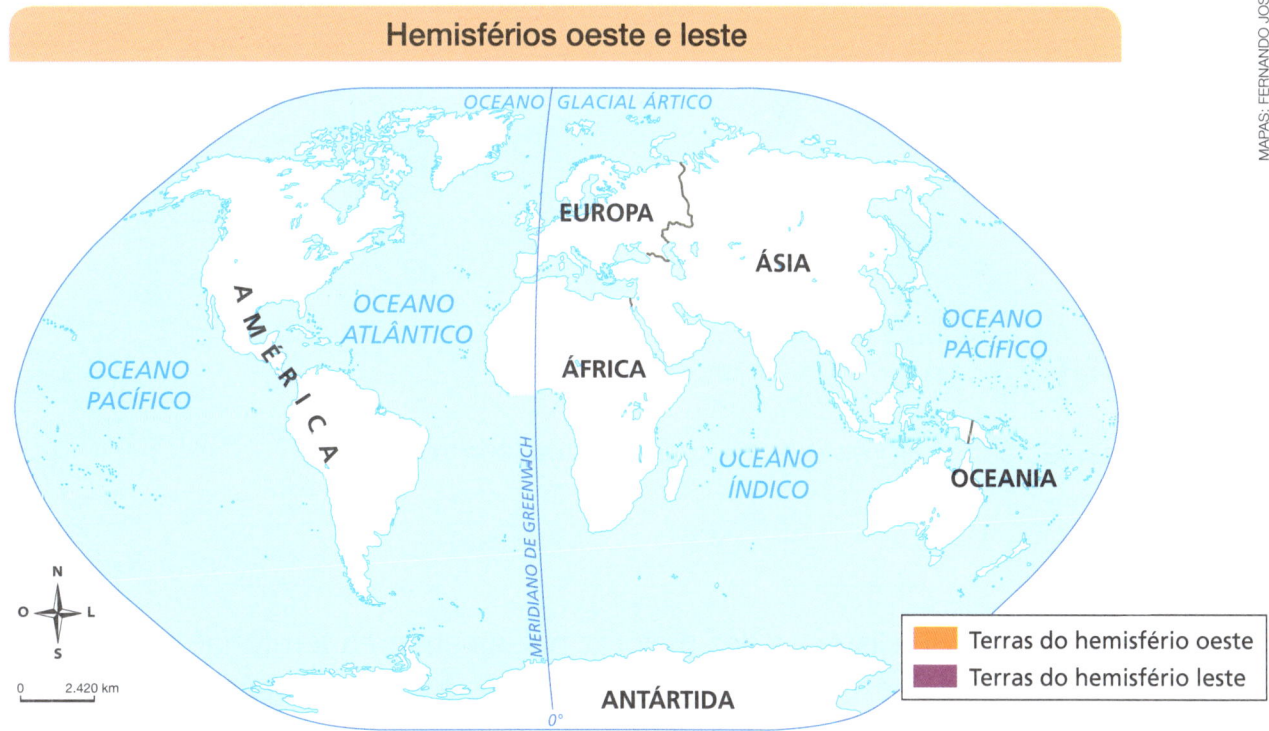

Fonte: IBGE. *Atlas geográfico escolar*. 7. ed. Rio de Janeiro: IBGE, 2016.

a) Que continente não tem terras no hemisfério norte? _____

b) Que continente está totalmente localizado no hemisfério oeste? _____

A extensão territorial e os limites do Brasil

Você já estudou que o Brasil está localizado na América e, provavelmente, consegue identificar o território brasileiro nos mapas com certa facilidade, não é mesmo?

O Brasil tem área territorial de 8.515.767 quilômetros quadrados (km²). A grande extensão do nosso país e o fato de você já conhecer a sua configuração territorial facilitam a identificação do Brasil no planisfério.

Configuração territorial: forma do território.

Planisfério: mapa que representa toda a superfície terrestre.

Os cinco países mais extensos do mundo

Fonte: IBGE. *Atlas geográfico escolar*. 7. ed. Rio de Janeiro: IBGE, 2016.

13 Que países são maiores que o Brasil em área territorial?

_____

_____

14 Se você tivesse que listar os dez maiores países em área territorial, quais seriam os outros cinco países da lista? Pesquise e anote a lista completa.

_____

_____

15 Em sua opinião, o território brasileiro sempre foi assim, como aparece no mapa acima?

O Brasil é o quinto maior país do mundo. Mas nem sempre foi assim.

A extensão e os limites do nosso país foram se formando ao longo do tempo, desde a chegada dos colonizadores.

A partir do fim do século XV, a América foi colonizada por povos europeus.

Parte das terras que hoje formam os Estados Unidos foi colonizada por franceses e por ingleses.

Os espanhóis colonizaram terras da faixa ocidental da América do Sul, grande parte das terras e ilhas da América Central e do atual México.

Os portugueses colonizaram terras na parte oriental da América do Sul, que atualmente correspondem às terras brasileiras.

O Tratado de Tordesilhas

Em meados do século XV, Portugal e Espanha disputavam o controle das terras americanas.

Para resolver o conflito, Portugal e Espanha assinaram, em 1494, o Tratado de Tordesilhas, que estabeleceu a divisão das terras entre portugueses e espanhóis.

A linha de Tordesilhas, como mostra o mapa ao lado, marca essa divisão: as terras a leste da linha de Tordesilhas pertenceriam a Portugal e as terras a oeste dessa linha pertenceriam à Espanha.

Desse modo, as terras do continente americano que pertenciam a Portugal ficaram conhecidas como América Portuguesa.

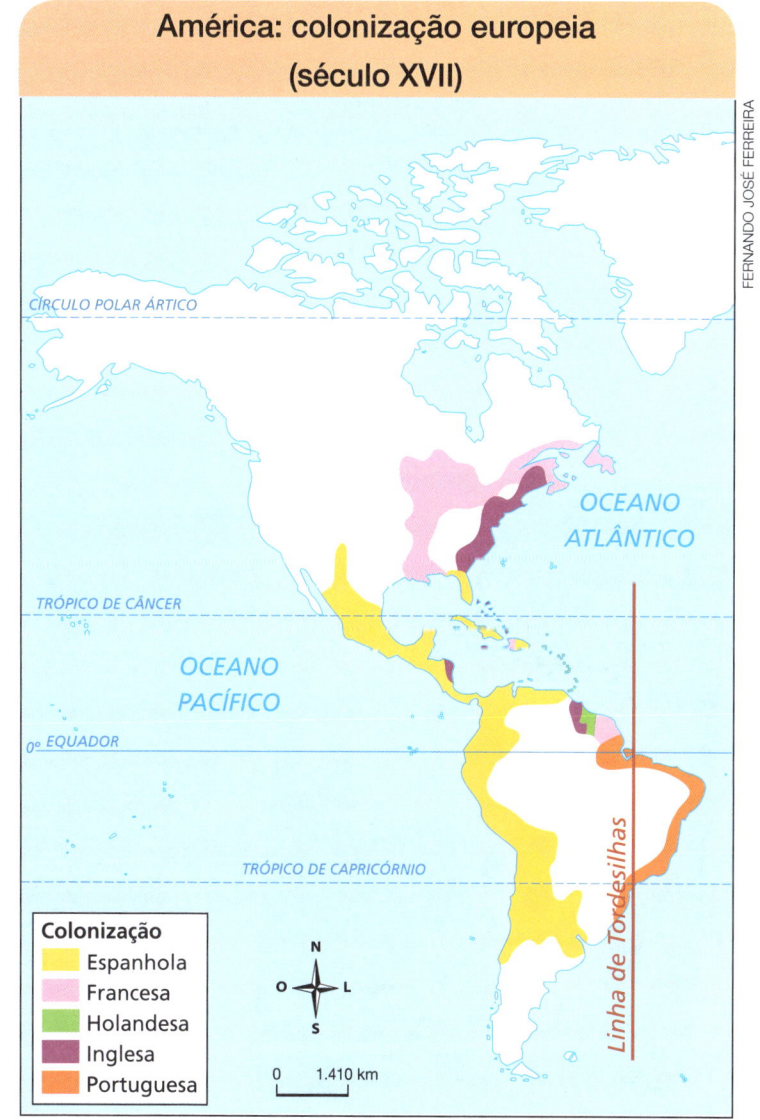

Fonte: Hermann Kinder; Werner Hilgemann. *Atlas histórico mundial*: de los orígenes a la Revolución Francesa. Madri: Istmo, v. 1. s. d.

América: colonização europeia (século XVII)

Colonização:
- Espanhola
- Francesa
- Holandesa
- Inglesa
- Portuguesa

O mundo que queremos

Crianças da América do Sul

Você estudou que a América do Sul é formada por vários países.

Em cada um desses países as paisagens são diferentes, assim como o modo de vida das pessoas que lá vivem.

Essa diversidade cultural pode ser percebida no cotidiano das crianças.

Leia as histórias a seguir e conheça um pouco da vida de algumas crianças de dois países da América do Sul.

Teresa tem 11 anos e é boliviana. Ela e a família vivem em uma vila de agricultores de Oruro, uma área de montanhas muito altas.

Todos os dias, pela manhã, Teresa ajuda os pais na roça. Na escola, ela aprende a ler e a escrever em espanhol, a língua oficial da Bolívia. Teresa gosta de brincar com as lhamas que seu pai cria. Ela também gosta de beber *api*, um suco quente de milho roxo.

Quando crescer, Teresa quer ser médica e cuidar de crianças.

Rafael tem 10 anos e vive na cidade de Córdoba, na Argentina. Ele tem uma irmã de 15 anos, Graziela.

O pai de Rafael trabalha em uma loja de ferragens e sua mãe é professora na escola em que ele estuda. Nos fins de semana, Rafael gosta de ir ao parque andar de bicicleta e jogar bola com os amigos.

O prato preferido de Rafael é empanada de carne, uma espécie de pastel recheado com carne moída. Seu sonho é ser piloto de avião e conhecer o mundo todo.

1 As histórias que você leu retratam crianças de quais países da América do Sul?

2 Os hábitos de Teresa e Rafael são muito diferentes dos seus? O que você costuma fazer que é parecido com os hábitos deles?

Vamos fazer

Imagine que sua escola está participando de um intercâmbio de cartas.

Imagine, também, que nesse intercâmbio você recebeu uma carta de Maíra, uma menina Kaiapó que vive no estado do Pará. Veja o que ela escreveu.

Intercâmbio: troca.

> Redenção, 25 de abril de 2017.
>
> Olá!
>
> Tudo bem? Como estão as coisas?
>
> Gostaria de contar para você um pouco sobre a minha vida. Eu moro com meus pais e com minhas três irmãs numa aldeia no estado do Pará. Meu pai é o chefe da aldeia. Minha casa é feita de madeira com telhado de sapê. Todos nós dormimos em redes.
>
> A escola onde estudo fica perto da minha casa. Lá eu aprendo a ler e a escrever em português e também aprendo a língua do meu povo. Como é a sua escola? O que você aprende lá?
>
> Você gosta de brincar? Eu adoro! Também gosto muito de nadar no rio. Do que você gosta de brincar? Aqui onde eu moro não uso camiseta nem sapatos. Faz muito calor. Eu costumo pintar meu rosto e meu corpo com tinta de semente de urucum para ficar mais bonita.
>
> Escreva-me contando um pouco da sua vida e do que você gosta de fazer.
>
> Um abraço,
>
> Maíra

3 Que tal agora responder à carta de Maíra?
- Escreva uma carta respondendo às perguntas de Maíra e contando outras coisas sobre sua vida e sobre o lugar onde você mora.

A divisão política do Brasil

O governo de um país deve ser capaz de organizar e administrar o território nacional.

O território brasileiro é bastante extenso e diversificado. Para facilitar a organização e a administração, o território brasileiro está dividido em várias partes.

A primeira divisão das terras do Brasil

Quando iniciou a colonização do Brasil em 1534, o governo português dividiu o território em faixas, que se estendiam do litoral para o interior, até a linha de Tordesilhas.

Essas faixas eram chamadas de capitanias hereditárias, e cada uma delas era doada pelo rei a um donatário. Cada donatário devia administrar, desenvolver e proteger a capitania que recebia.

Veja, no mapa ao lado, como os portugueses dividiram o território em capitanias hereditárias.

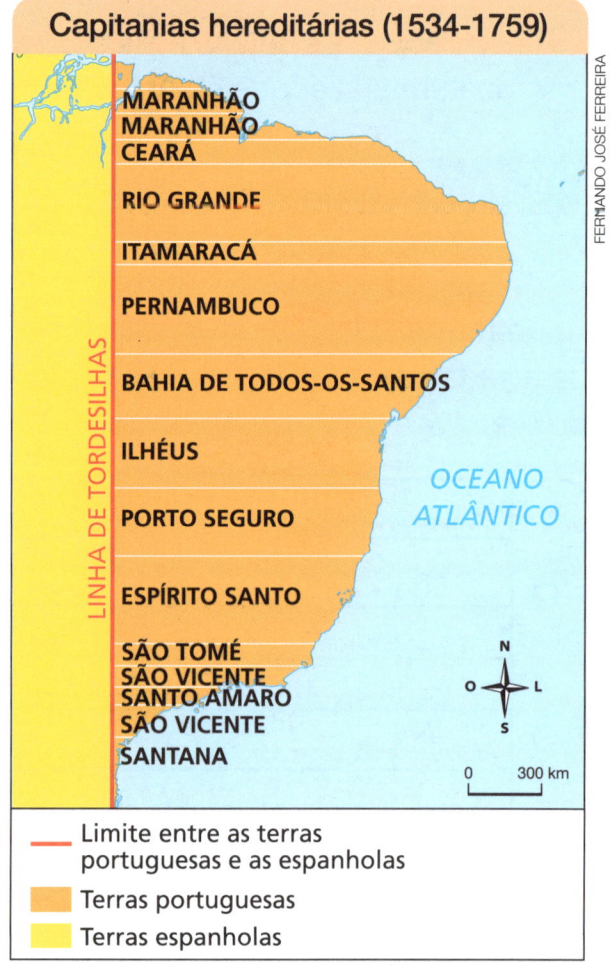

Fonte: FAE. *Atlas histórico escolar*. Rio de Janeiro: FAE, 1991.

A atual divisão das terras do Brasil

Atualmente, o Brasil é dividido em 27 unidades federativas. Cada estado brasileiro é uma unidade federativa, isto é, uma parte do Brasil.

O Distrito Federal, onde está situada Brasília, a capital do nosso país, também é uma unidade federativa.

Por isso, podemos dizer que o território brasileiro é dividido em 27 unidades federativas: 26 estados e o Distrito Federal.

> **Hereditárias:** que passam de pai para filho por herança.
> **Donatário:** aquele que recebe uma doação.
> **Federativas:** que fazem parte de uma federação (no caso, o Brasil). As unidades federativas também são chamadas unidades da federação.

Fonte: IBGE. *Atlas geográfico escolar*. 7. ed. Rio de Janeiro: IBGE, 2016.

1 O que as linhas brancas representam no mapa acima?

_____

_____

_____

2 Em qual unidade federativa você vive?

_____

3 Quais unidades federativas se limitam com aquela onde você vive?

_____

_____

O município é parte do estado

Cada estado brasileiro também se divide em partes chamadas **municípios**.

Isso significa que o lugar onde vivemos faz parte de um município.

Observe, no mapa da página anterior, o estado de Roraima. Depois, veja, no mapa ao lado, os municípios que formam esse estado.

Cada município tem governo e algumas leis próprias, da mesma forma que ocorre com o Distrito Federal e os estados.

Os municípios, os estados e o Distrito Federal constituem as **unidades político-administrativas** do Brasil.

Em cada unidade político-administrativa, os representantes políticos são escolhidos por meio de eleições, que ocorrem a cada quatro anos.

Fonte: IBGE. *Atlas nacional do Brasil Milton Santos*. Rio de Janeiro: IBGE, 2010.

Leis: regras elaboradas para organizar a vida em sociedade.

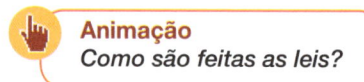

Animação
Como são feitas as leis?

4 Observe novamente o mapa desta página.

a) Quantos municípios tem o estado de Roraima?

_____

b) No mapa, como podemos perceber a área territorial de cada município?

_____
_____
_____

5 Você já sabe que o Brasil tem 26 estados. E municípios, você sabe quantos existem em todo o nosso país?

- Pesquise e anote a resposta.

_____

6 Qual é o nome do município onde você vive?

_____

A administração do município

Em todo município existe uma Prefeitura e uma Câmara dos Vereadores ou Câmara Municipal.

O **prefeito** governa o município. Ele trabalha na Prefeitura e é auxiliado por vários secretários municipais. Cada secretário municipal cuida de uma parte dos serviços públicos oferecidos pelo município, por exemplo saúde, educação, cultura, habitação, transporte etc.

Os **vereadores** elaboram as leis do município e fiscalizam o trabalho do prefeito. Eles trabalham na Câmara Municipal.

Prédio onde funciona a Prefeitura do município de Monte Azul, estado de São Paulo, em 2016.

O prefeito e os vereadores são escolhidos pelos habitantes do município nas eleições municipais.

Além de escolher o prefeito e os vereadores, a população pode participar da administração do município de outras formas.

Na Câmara Municipal, a população pode assistir às sessões em que são votadas as leis municipais. É uma maneira de acompanhar a atuação dos vereadores e apresentar reivindicações para a melhoria do município.

Existem, ainda, os Conselhos Municipais, compostos por representantes do governo e da população. Os Conselhos Municipais são organizados com o objetivo de debater os problemas do município e propor melhorias em diferentes áreas: saúde, assistência social, educação, infância e adolescência, meio ambiente, entre outras.

 7. Você já conhece as funções do prefeito e dos vereadores. Agora, pesquise quais são as funções de: governador do estado, deputados estaduais, deputados federais, senadores e presidente da República.

 Antes de escrever o texto, faça um rascunho **organizando de forma clara e objetiva** as informações obtidas durante a pesquisa. Em seguida, passe o texto a limpo.

 • Anote suas descobertas no caderno.

Paisagens do município

Em geral, os municípios são formados por uma área rural e uma área urbana. A área rural corresponde ao **campo**. A área urbana corresponde à **cidade**.

Existem alguns municípios que têm apenas área urbana.

É o caso do município de Natal, no estado do Rio Grande do Norte, por exemplo. Esse município tem apenas área urbana.

Os municípios de São Caetano do Sul, no estado de São Paulo, de São João de Meriti, no estado do Rio de Janeiro, e de Curitiba, no estado do Paraná, são outros exemplos de municípios que não têm área rural.

Vários municípios brasileiros são banhados pelo mar. Esses municípios situam-se no litoral, que é a faixa de terra banhada pelo mar.

Área urbana no litoral do município de Vila Velha, estado do Espírito Santo, em 2016.

Área rural no município de Londrina, estado do Paraná, em 2016.

Área urbana no município de Londrina, estado do Paraná, em 2015.

8 Vila Velha, no estado do Espírito Santo, é um município litorâneo. Qual é o oceano que banha o litoral brasileiro?

9 O município onde você vive apresenta área urbana e área rural? Em qual delas você mora?

Orientando-se no município

Você sabe como se orientar para chegar aos diferentes lugares de seu município?

Podemos nos orientar conhecendo o lado onde o Sol "aparece" ou "se põe" no horizonte.

O Sol sempre "aparece" do mesmo lado no horizonte pela manhã. Esse é o lado **leste**.

No fim da tarde, o Sol "se põe" do lado oposto. Esse é o lado **oeste**.

Orientando-se pelo Sol

Você pode se orientar tendo o Sol como referencial.

Se abrir os braços com a mão direita apontando para o lado onde o Sol "aparece", você terá a direção leste. A direção oeste estará do lado oposto. À sua frente, você terá a direção **norte** e às suas costas estará a direção **sul**.

Leste (L), oeste (O), norte (N) e sul (S) são chamados **pontos cardeais**.

Orientar-se: conhecer a posição ou direção de algo ou de alguém no espaço.

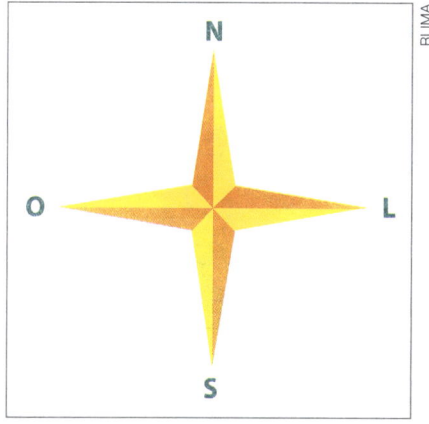

Nesse esquema, chamado rosa dos ventos, estão representadas as direções dos pontos cardeais.

Nascer do sol na praia de Copacabana, no município do Rio de Janeiro, estado do Rio de Janeiro, em 2015.

Situados entre os pontos cardeais, há os **pontos colaterais** nordeste (NE), sudeste (SE), sudoeste (SO) e noroeste (NO).

Os pontos cardeais e os pontos colaterais indicam direções de orientação e de localização. Esses pontos estão representados na rosa dos ventos ao lado.

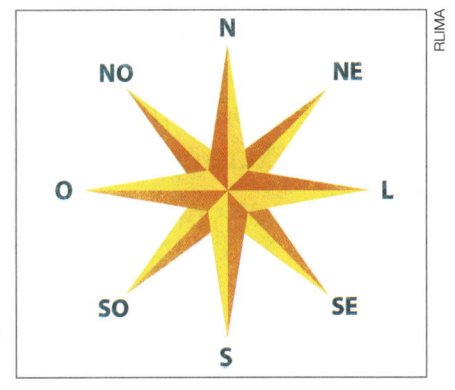

Rosa dos ventos com os pontos cardeais e colaterais.

10 Observe o desenho.

a) A casa de Mariana está localizada a _____ da praça.

b) Mariana está saindo de casa para ir ao banco. Para isso, ela deve seguir a direção _____.

c) Ao sair do banco, Mariana pretende ir ao mercado. Para isso, ela deve seguir a direção _____.

d) Para chegar à escola, saindo do centro da praça, é preciso seguir na direção _____.

11. Com a ajuda do professor, descubram a direção leste em relação à escola.

- Depois, observem os elementos que existem ao redor da escola e identifiquem o que há:

    a) ao norte da escola. _____

    b) a leste da escola. _____

    c) ao sul da escola. _____

    d) a oeste da escola. _____

12. O mapa a seguir mostra alguns municípios do estado do Paraná.

A rosa dos ventos está posicionada sobre o município de Curitiba.

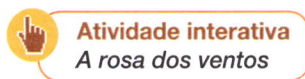

Atividade interativa
A rosa dos ventos

Fonte: IBGE. *Atlas nacional do Brasil Milton Santos*. Rio de Janeiro: IBGE, 2010.

- Partindo de Curitiba, escreva qual direção seguir para chegar aos seguintes municípios:

    a) Almirante Tamandaré.

    b) São José dos Pinhais.

    c) Campo Magro.

    d) Campo Largo.

    e) Fazenda Rio Grande.

    f) Araucária.

    g) Pinhais.

    h) Colombo.

CAPÍTULO 3 — O Brasil e suas regiões

O que é região

Uma região pode ser definida como uma porção da superfície terrestre que reúne características que a diferenciam das outras porções. A divisão do espaço geográfico em porções que têm características semelhantes é chamada de regionalização.

O IBGE dividiu o Brasil em cinco regiões

O Instituto Brasileiro de Geografia e Estatística (IBGE) é o principal órgão governamental que fornece informações e dados estatísticos oficiais sobre nosso país. Ele faz, por exemplo, pesquisas sobre aspectos sociais, econômicos e naturais do Brasil.

Para facilitar a pesquisa e a organização das informações e dos dados estatísticos sobre o país, o IBGE dividiu o território brasileiro em cinco grandes regiões: **Norte**, **Nordeste**, **Centro-Oeste**, **Sudeste** e **Sul**.

Cada uma dessas regiões é composta por unidades federativas que apresentam características semelhantes quanto à vegetação, ao clima, às atividades econômicas, entre outros aspectos.

O governo brasileiro adota a divisão regional do IBGE

A divisão regional feita pelo IBGE é a regionalização oficial do Brasil. Assim, todos os órgãos governamentais devem utilizá-la nas atividades de planejamento e aplicação dos recursos públicos.

As informações e os dados estatísticos fornecidos pelo IBGE auxiliam o governo a organizar e administrar o país em todas as áreas: saúde, educação, habitação, transporte, entre outras.

A tabela ao lado mostra a quantidade de habitantes em cada região brasileira em 2015. Veja essas regiões no mapa da página seguinte.

> **Recursos públicos:** dinheiro arrecadado pelo governo por meio de impostos e taxas.

Brasil: população por região (2015)	
Região	População (habitantes)
Norte	17.523.000
Nordeste	56.640.000
Centro-Oeste	15.489.000
Sudeste	85.917.000
Sul	29.291.000

Fonte: IBGE. *Pesquisa nacional por amostra de domicílio 2015*. Rio de Janeiro: IBGE, 2016.

Fonte: IBGE. *Atlas geográfico escolar*. 7. ed. Rio de Janeiro: IBGE, 2016.

1. Observe a tabela da página 32 e o mapa acima.

    a) No mapa, qual é a cor da região mais populosa? _____

    b) E a cor da região menos populosa? _____

2. Qual é a região com maior número de unidades federativas? E a região com menor número?

    _____

3. A unidade federativa onde você vive faz parte de qual região brasileira?

    _____

As grandes regiões do Brasil

Como você estudou, as unidades federativas brasileiras foram agrupadas, pelo IBGE, em cinco grandes regiões.

A **Região Norte** ocupa quase metade do território brasileiro, sendo a região mais extensa. É nessa região que se situa grande parte da floresta amazônica.

A **Região Nordeste** apresenta grande parte de sua paisagem marcada por um clima quente e seco. Essa região tem um extenso litoral e é muito visitada por turistas, atraídos por suas belas praias.

A **Região Centro-Oeste** é a menos populosa do Brasil. Nela estão localizados o Pantanal e a capital do país, Brasília. A criação de gado bovino é uma importante atividade nessa região.

Vista do Parque Nacional de Anavilhanas, estado do Amazonas, em 2017.

Vista da Esplanada dos Ministérios em Brasília, Distrito Federal, em 2015.

A **Região Sudeste** apresenta a economia mais desenvolvida e a maior população do país. Mais da metade das indústrias do Brasil está localizada nessa região.

A **Região Sul** é a menor em extensão territorial. A colonização dessa região teve forte influência da imigração de alemães e italianos. É a segunda região mais industrializada do país.

Imigração: entrada de pessoas em uma cidade, um estado ou um país que não é o seu de origem.

4. Além das informações apresentadas nesta página, o que mais você sabe sobre a região em que vive?

Uma outra regionalização: as regiões geoeconômicas

Além da divisão regional proposta pelo IBGE, existe outra maneira de dividir o Brasil, com base nas principais atividades econômicas e no processo histórico de ocupação das diferentes porções do espaço geográfico.

Essa regionalização organizou o território brasileiro em três **regiões geoeconômicas**. Observe-as no mapa abaixo.

Fonte: IBGE. *Atlas geográfico escolar*. 7. ed. Rio de Janeiro: IBGE, 2016.

5 Compare esse mapa com o mapa da página 33.

a) Nos dois mapas, os limites de cada região coincidem com os limites dos estados? Explique.

b) A unidade federativa onde você mora fica em qual região geoeconômica?

Para ler e escrever melhor

O texto que você vai ler mostra a divisão regional do Brasil **ao longo do tempo**.

As divisões regionais do Brasil

Ao longo da história, a regionalização do território brasileiro foi feita de várias maneiras.

Em 1940, o Brasil foi dividido em cinco regiões: Norte, Nordeste, Centro, Este (ou Leste) e Sul. Veja o mapa 1.

Mais tarde, em 1960, essas cinco regiões já haviam sido modificadas. O nome de duas delas mudou e todas passaram a abranger uma área diferente. Observe no mapa 2.

Atualmente, a chamada Região Este não existe mais. A Região Nordeste foi estendida até a Bahia e foi criada a Região Sudeste, que abrange estados que pertenciam à Região Leste e à Região Sul. Além disso, uma parte do território do Centro-Oeste passou a integrar a Região Norte. Observe no mapa 3.

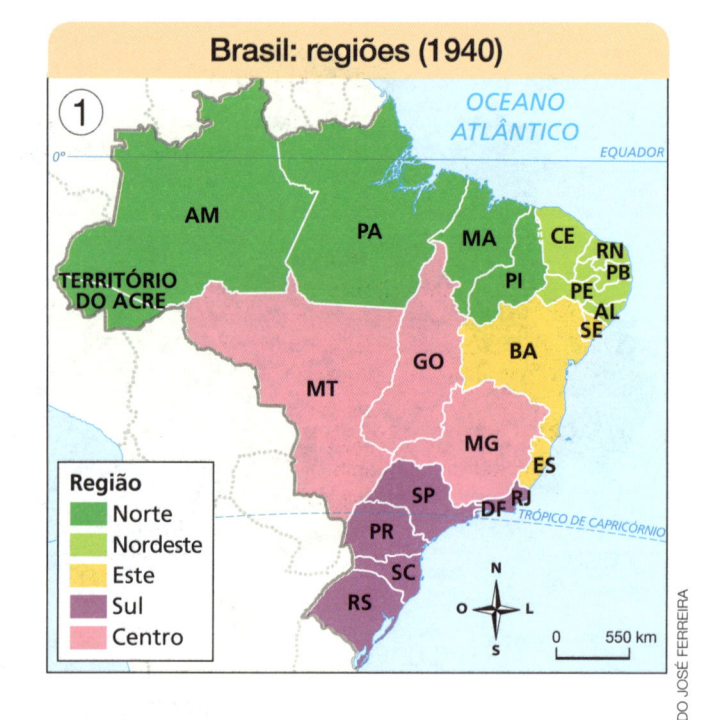

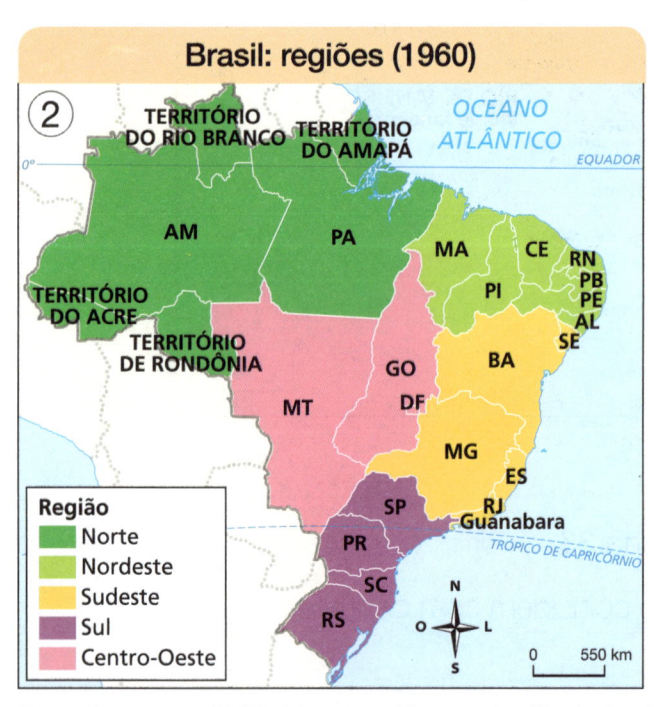

Fonte dos mapas: IBGE. *Atlas geográfico escolar*. Rio de Janeiro: IBGE, 2002.

1 Do que trata o texto?

_____

2 No texto, que expressões indicam a passagem do tempo?

_____

3 Observe a sequência temporal destes mapas.

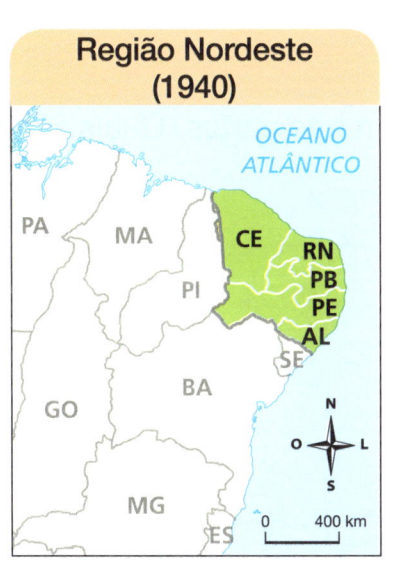

Região Nordeste (1940)

Região Nordeste (1960)

Região Nordeste (atualmente)

MAPAS: FERNANDO JOSÉ FERREIRA

Fonte dos mapas: IBGE. *Atlas geográfico escolar*. Rio de Janeiro: IBGE, 2002.

a) O que essa sequência de mapas mostra?

_____

_____

b) Complete o quadro com a sigla dos estados que formavam a Região Nordeste em cada período.

Estados da Região Nordeste		
1940	1960	Atualmente

c) Com base nos mapas e nas informações do quadro, escreva um texto mostrando as mudanças que ocorreram na configuração da Região Nordeste ao longo do tempo. Lembre-se de dar um título para o seu texto.

O que você aprendeu

1. O Brasil localiza-se em qual continente?
   _____

   • Quais são os outros continentes do planeta?
   _____
   _____

2. O continente onde o Brasil está localizado é dividido em três partes. Quais são essas partes?
   _____
   _____

   • Em qual dessas partes o Brasil se localiza?
   _____

3. O Brasil se localiza em quais hemisférios?
   _____

4. Observe o gráfico e responda.

   Extensão territorial dos continentes

   Extensão territorial (em milhões de km²)
   - Ásia: 45
   - América: 42
   - África: 30
   - Antártida: 14
   - Europa: 10
   - Oceania: 8

   ANDERSON DE ANDRADE PIMENTEL

   Fonte: *Calendário Atlante De Agostini 2016.* Novara: Istituto Geografico De Agostini, 2015.

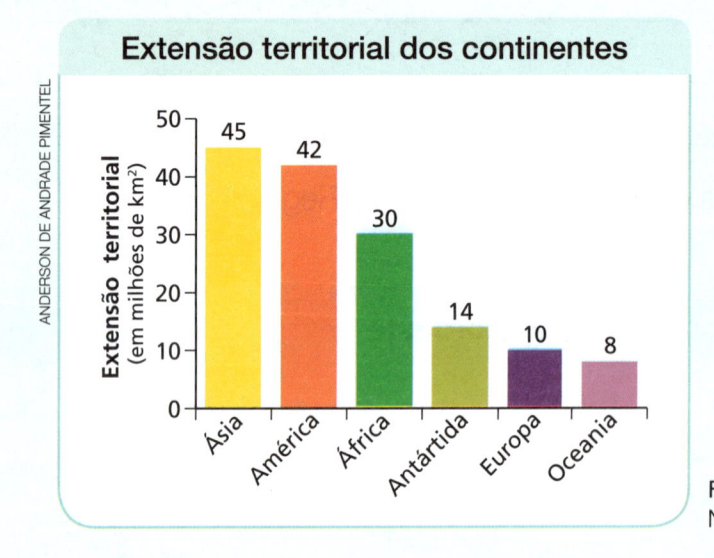

   a) O que o gráfico mostra? Como você sabe?
   _____
   _____
   _____
   _____

   b) Qual é o continente de maior extensão territorial? E o de menor extensão?
   _____
   _____
   _____

5 Observe algumas cidades no planisfério.

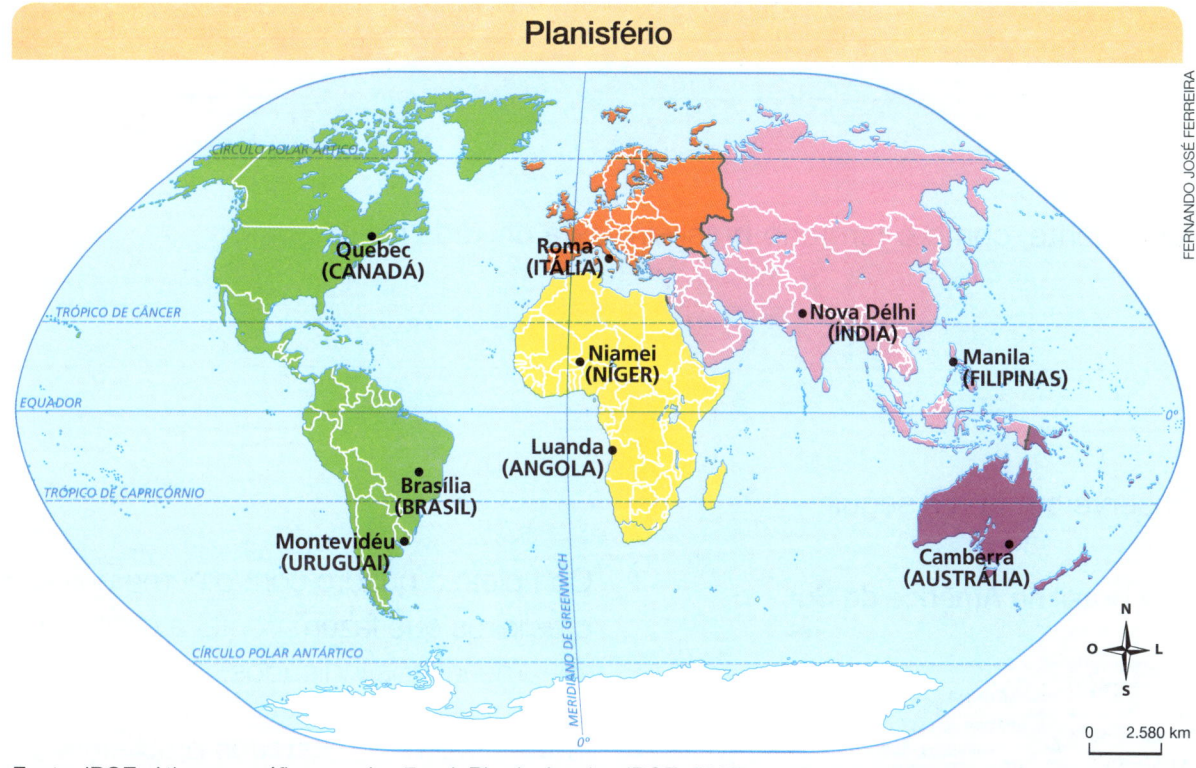

Planisfério

Fonte: IBGE. *Atlas geográfico escolar*. 7. ed. Rio de Janeiro: IBGE, 2016.

a) Quais são as cidades localizadas no hemisfério norte? E no hemisfério sul?

b) Em que continente se localiza cada cidade que aparece no mapa?

6 Junte-se a um colega e elaborem um roteiro de viagem com as condições listadas abaixo.

- No roteiro não podem ser citadas as cidades mostradas na atividade 5.
- Vocês devem sempre identificar o país no qual a cidade escolhida está localizada. Consultem um atlas geográfico.
- Vocês devem partir de uma cidade brasileira. Identifiquem o estado onde ela se localiza.
- A primeira parada deve ser em uma cidade africana no hemisfério sul.
- Depois, vocês devem ir a uma cidade europeia no hemisfério leste.
- Em seguida, devem visitar uma cidade da Oceania e voltar para a cidade de onde partiram.

- Comparem o roteiro que vocês fizeram com os roteiros de outros colegas. O que vocês descobriram?

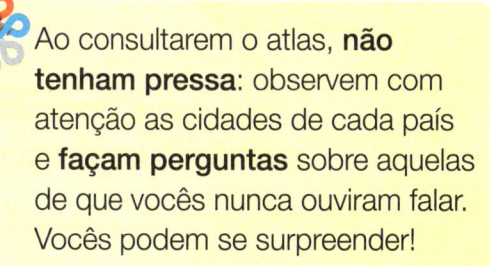

Ao consultarem o atlas, **não tenham pressa**: observem com atenção as cidades de cada país e **façam perguntas** sobre aquelas de que vocês nunca ouviram falar. Vocês podem se surpreender!

7 No início da colonização, de que modo Portugal dividiu as terras brasileiras?

_____
_____
_____

8 Atualmente, como o território brasileiro está dividido?

_____
_____
_____

9 Observe o mapa a seguir.

O Brasil na América do Sul

Fonte: IBGE. *Atlas geográfico escolar*. 7. ed. Rio de Janeiro: IBGE, 2016.

• Complete o quadro com o nome dos estados brasileiros que fazem fronteira com os países sul-americanos indicados.

País	Estados brasileiros
Argentina	
Paraguai	
Uruguai	
Bolívia	

10 Em quais unidades político-administrativas do Brasil você vive?

_____
_____
_____

11 Leia o texto e responda às questões.

O voto

No Brasil, o voto é direto e secreto. Isso quer dizer que o eleitor vota diretamente no candidato que escolheu como seu representante político, por exemplo o prefeito e o vereador.

O voto é secreto, ou seja, só saberemos em qual candidato o eleitor votou se ele quiser contar.

O voto é obrigatório para todas as pessoas brasileiras alfabetizadas com idade de 18 a 70 anos. Em alguns casos, o voto é facultativo, isto é, a pessoa vota se quiser.

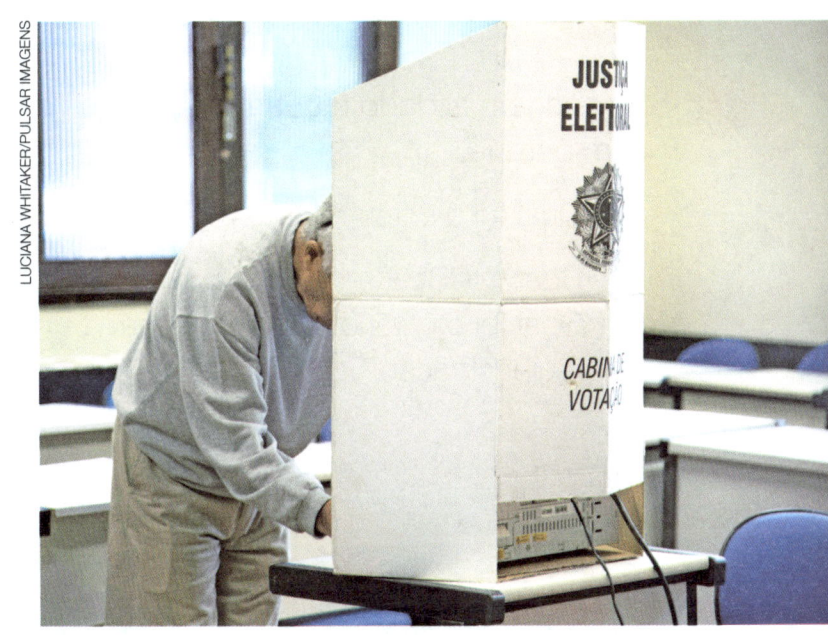

Eleitor votando nas eleições municipais de 2016. Município do Rio de Janeiro, estado do Rio de Janeiro, em 2016.

a) Como é o voto no Brasil?

b) Pesquise em quais casos o voto é facultativo e anote o que descobriu.

c) Você acha que o voto secreto é bom ou ruim para o eleitor? Explique.

d) Em sua opinião, o que as pessoas devem fazer quando estão insatisfeitas com os representantes políticos?

12 Leia o texto e responda às questões.

A administração do país, do Distrito Federal, dos estados e dos municípios é feita por pessoas eleitas pela população. Outras pessoas são eleitas para elaborar as leis que vigoram no lugar onde vivemos.

a) Quem governa o país onde vivemos?

b) Quem elabora as leis do país?

c) Quem governa a unidade federativa onde você vive?

d) Quem elabora as leis estaduais?

e) Quem governa o município onde você vive?

f) Quem elabora as leis municipais?

g) O que são e para que servem as leis?

13 Além das eleições, de que outras formas a população pode participar da administração do município?

14 A imagem ao lado mostra três regiões de um parque.

a) Qual foi o critério dessa regionalização?

b) Como o IBGE regionalizou nosso território? Qual foi o critério utilizado nessa regionalização?

Representação sem escala para fins didáticos.

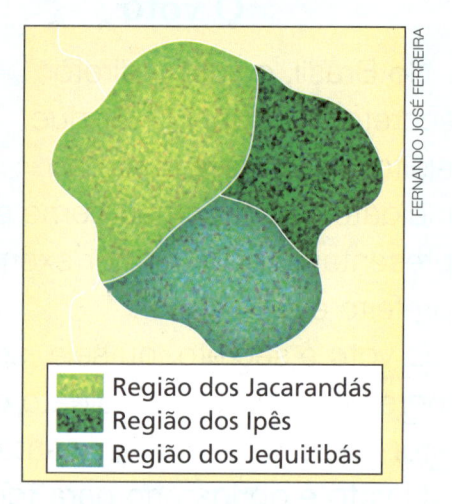

- Região dos Jacarandás
- Região dos Ipês
- Região dos Jequitibás

15 Identifique a região em que está localizado cada um dos lugares representados nas fotos.

Município de Mateiros, Tocantins, em 2015.

Município de São Luís, Maranhão, em 2012.

Município de Lauro Müller, Santa Catarina, em 2014.

Município de Corumbá, Mato Grosso do Sul, em 2014.

Município de Ouro Preto, Minas Gerais, em 2016.

- Mesmo sem conhecer esses lugares, você conseguiu associá-los à região em que se localizam? Explique a um colega como você fez.

16. Imagine que o território do Brasil foi representado por um círculo dividido em 100 partes iguais.

O esquema ao lado mostra quantas partes desse círculo corresponderiam a cada região brasileira.

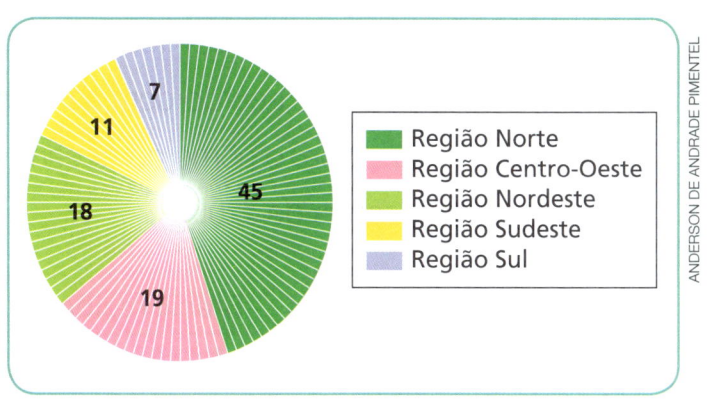

- Região Norte: 45
- Região Centro-Oeste: 19
- Região Nordeste: 18
- Região Sudeste: 11
- Região Sul: 7

Fonte: IBGE. *Anuário estatístico do Brasil*: 2015. Rio de Janeiro: IBGE, 2016.

a) Que região tem a maior extensão territorial? E qual tem a menor extensão?

b) Como foi possível identificar cada região no círculo?

c) Em qual região você mora? Quantas partes do círculo correspondem a essa região?

17. Observe o gráfico e responda.

Brasil: moradias com acesso aos serviços de saneamento básico*, por região (2015)

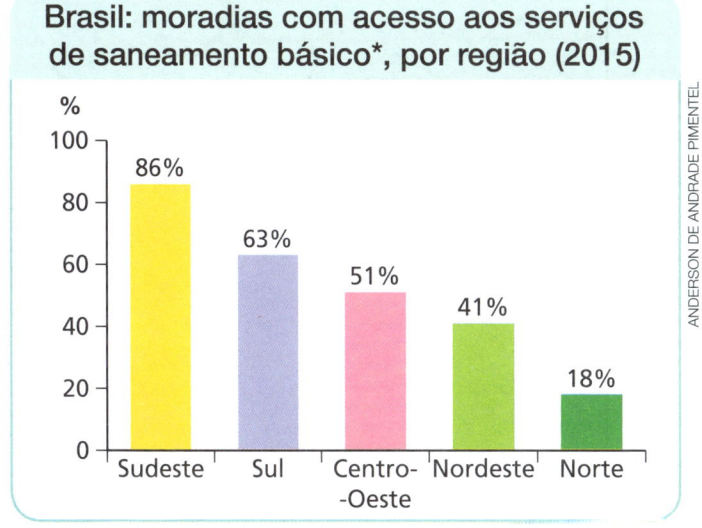

- Sudeste: 86%
- Sul: 63%
- Centro-Oeste: 51%
- Nordeste: 41%
- Norte: 18%

Fonte: IBGE. *Síntese de indicadores sociais*: uma análise das condições de vida da população brasileira 2016. Rio de Janeiro: IBGE, 2016.

* Moradias com acesso aos serviços de abastecimento de água, coleta de esgoto e de lixo.

a) Que região tem mais moradias com acesso aos serviços de saneamento básico? E que região tem menos acesso?

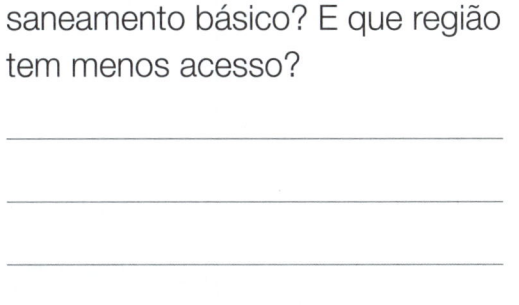

b) Quantas moradias, em cada 100, têm acesso aos serviços de saneamento básico na região em que fica a unidade federativa onde você vive?

c) Com base no gráfico, em que região o governo deve aplicar mais recursos em saneamento básico? Explique.

18 Complete o mapa do Brasil.

a) Escreva, no mapa, a sigla de cada unidade federativa.

b) Escolha cinco cores diferentes, exceto azul, e pinte cada região de uma cor.

c) Pinte a legenda de acordo com as cores que você escolheu.

d) Escreva, no mapa, o nome do oceano que banha o Brasil.

e) Pinte os oceanos de azul.

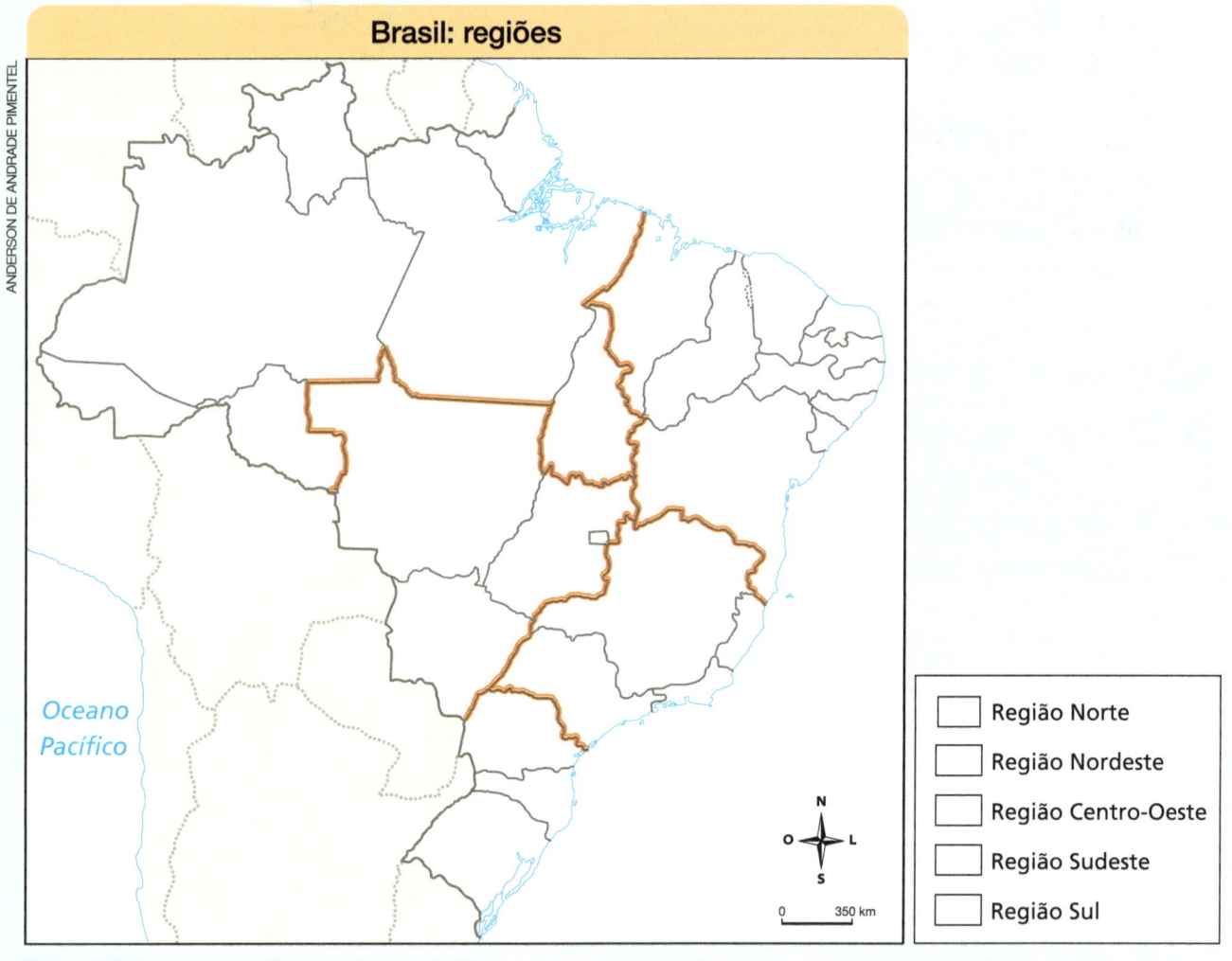

Atividade interativa
Brasil: localização e organização política

Brasil: regiões

Oceano Pacífico

Região Norte
Região Nordeste
Região Centro-Oeste
Região Sudeste
Região Sul

Fonte: IBGE. *Atlas geográfico escolar*. 7. ed. Rio de Janeiro: IBGE, 2016.

19 Com base no mapa acima, responda.

a) De que cor a unidade federativa onde você mora está pintada? Explique.

_____

_____

b) Quais unidades federativas se limitam com aquela onde você mora?

_____

_____

20. Complete o quadro abaixo.

Região	Unidade federativa	Sigla	Capital
NORTE	Acre		Rio Branco
		AP	
	Amazonas		Manaus
	Pará		
		RO	Porto Velho
	Roraima	RR	
			Palmas
NORDESTE	Alagoas	AL	
		BA	Salvador
	Ceará		
		MA	São Luís
	Paraíba		João Pessoa
		PE	
	Piauí		Teresina
		RN	
	Sergipe		Aracaju
CENTRO-OESTE		DF	---------------
	Goiás	GO	
	Mato Grosso		Cuiabá
		MS	Campo Grande
SUDESTE	Espírito Santo		
		MG	Belo Horizonte
	Rio de Janeiro		
		SP	São Paulo
SUL	Paraná		
		RS	Porto Alegre
	Santa Catarina		

UNIDADE 2

A natureza brasileira

Gado em pastagem coberta por geada no município de Bom Jardim da Serra, estado de Santa Catarina, em 2016.

Município de Parintins, estado do Amazonas, em 2016.

Paisagem no Parque Nacional da Chapada Diamantina, município de Palmeiras, estado da Bahia, em 2016.

Paisagem no município de Tarauacá, estado do Acre, em 2017.

Vamos conversar

1. O que mais chama a sua atenção em cada imagem?
2. Quais são os elementos da natureza que aparecem nas imagens?
3. Alguma dessas paisagens se parece com a paisagem do lugar onde você vive?

CAPÍTULO 1 — O relevo

O relevo terrestre

Você já deve ter percebido que a superfície terrestre não é plana nem uniforme. Ela apresenta formas variadas, que são chamadas de **relevo**.

A formação do relevo resulta dos processos que ocorrem tanto no interior quanto na superfície da Terra.

Entre os processos internos que formam o relevo, destacam-se os terremotos e as erupções vulcânicas, que podem causar rachaduras na superfície e deslocamento de grandes blocos de rocha.

Entre os processos que ocorrem na superfície terrestre, destacam-se a erosão e a deposição.

A erosão e a deposição

Erosão é o processo de remoção e transporte de materiais desagregados das rochas que compõem a superfície terrestre. Essa desagregação é causada principalmente pela variação da temperatura e pela ação da água e do vento nas rochas.

Deposição é o processo de acúmulo dos materiais desagregados das rochas que foram removidos e transportados pela erosão.

Assim, os processos de erosão e de deposição atuam na formação do relevo.

> **Materiais desagregados:** materiais fragmentados, separados.

Processos de erosão e de deposição

erosão

A água e o vento transportam os materiais para outras áreas, onde eles se depositam.

deposição

Representação sem escala para fins didáticos.

As formas de relevo

As principais formas de relevo encontradas na superfície terrestre são as **montanhas**, os **planaltos**, as **planícies** e as **depressões**.

Principais formas do relevo terrestre

Planície: superfície baixa e plana na qual a deposição de materiais é maior que a erosão. Em geral, localiza-se ao longo de rios e do litoral.

Planalto: superfície alta e irregular, ora plana, ora ondulada, na qual a erosão é maior que a deposição.

Montanhas: superfícies fortemente onduladas de altitude elevada.

Depressão: superfície mais baixa em relação às superfícies vizinhas ou mais baixa que o nível do mar.

Representação sem proporção para fins didáticos.

O relevo terrestre tem variadas altitudes. **Altitude** é a distância vertical medida entre um ponto da superfície da Terra e o nível do mar, considerado o nível zero.

No esquema ao lado, o ponto A está situado a 500 metros de altitude, ou seja, está 500 metros acima do nível do mar.

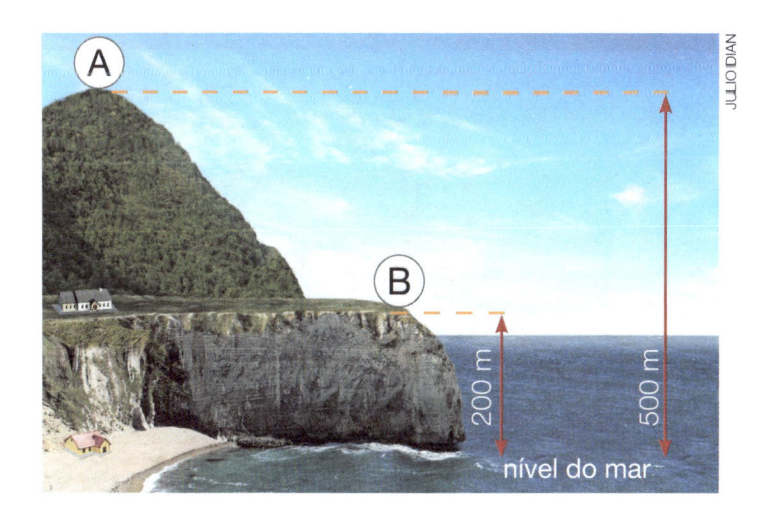

1. No esquema acima, qual dos pontos tem maior altitude: o ponto A ou o ponto B? Explique.

2. Qual é a diferença de altitude, em metro, entre o ponto A e o ponto B?

As principais formas do relevo brasileiro

As formas predominantes do relevo brasileiro são os planaltos, as planícies e as depressões.

- **Planaltos:** podem apresentar chapadas e serras. As **chapadas** correspondem às áreas elevadas e de topo bastante plano dos planaltos. As **serras** são conjuntos de morros com muitos desníveis. A Chapada dos Veadeiros, no estado de Goiás, e a Serra da Canastra, no estado de Minas Gerais, localizam-se em áreas de planalto.

- **Planícies:** geralmente localizam-se em áreas de baixa altitude, ao longo de rios ou do litoral. A planície amazônica, por exemplo, estende-se principalmente ao longo do Rio Amazonas, na Região Norte do Brasil.

- **Depressões:** ocorrem em áreas de altitude mais baixa em relação às serras e aos planaltos ao redor.

Veja algumas paisagens, no Brasil, que apresentam diferentes formas de relevo.

1. Serra da Canastra, município de Delfinópolis, estado de Minas Gerais, em 2016.

2. Planície amazônica, município de Tefé, estado do Amazonas, em 2014.

3. Na foto, após a serra que aparece no primeiro plano, pode-se observar área da depressão sertaneja no município de Teixeira, estado da Paraíba, em 2014.

Brasil: relevo

Legenda:
- Planaltos
- Depressões
- Planícies

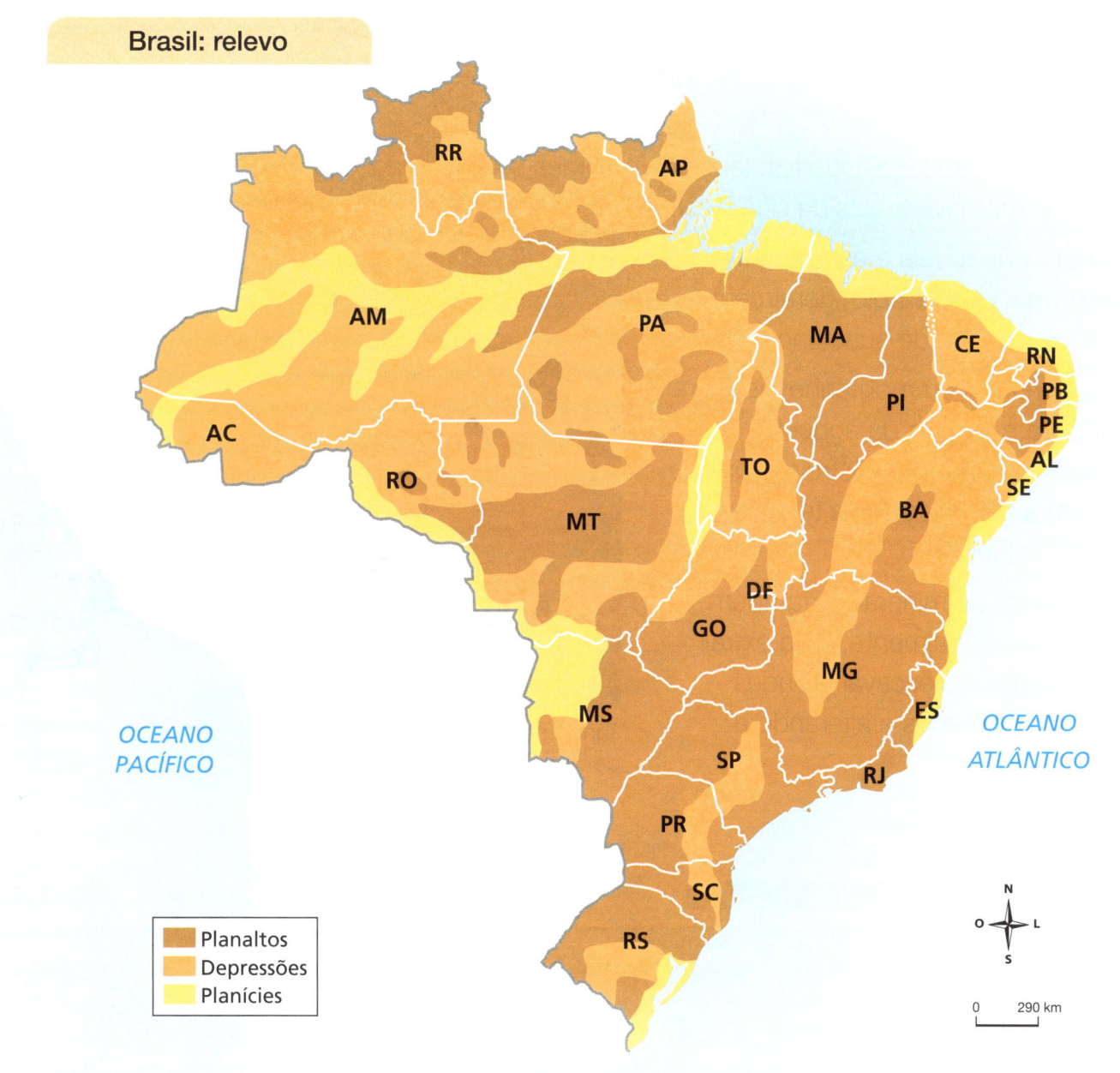

Fonte: Jurandyr L. S. Ross. Os fundamentos da Geografia da natureza. Em: Jurandyr L. S. Ross (Org.). *Geografia do Brasil*. 5. ed. São Paulo: Edusp, 2008. (Adaptado.)

3 Quais são as principais diferenças entre as formas de relevo mostradas nas fotos da página anterior?

4 O relevo do lugar onde você vive se parece com o relevo de algum lugar mostrado nessas fotos? Se sim, com qual?

5 Qual é o título desse mapa?

Multimídia
Relevo brasileiro

6 Quem elaborou esse mapa?

7 Quais são as formas de relevo predominantes na unidade federativa onde você vive?

A ocupação do espaço modifica o relevo

Ao ocupar o espaço, as pessoas modificam o relevo para atender às suas necessidades e ao seu modo de vida.

Com o crescimento das cidades, terrenos íngremes são aplainados para a construção de moradias e vias de circulação.

Para construir túneis e estradas em áreas de serra, por exemplo, geralmente são cortados trechos de suas encostas.

Áreas íngremes ou montanhosas são alteradas para a prática da agricultura. Nessas áreas é comum construir degraus, que facilitam a preparação da terra, o cultivo e a colheita.

As atividades de mineração também alteram o relevo. Geralmente, para extrair os minérios, é preciso escavar grandes áreas, deixando buracos e alterando a paisagem do local.

Túneis no Rodoanel Mário Covas, estado de São Paulo, em 2016.

Garimpo de ouro em Serra Pelada, no estado do Pará, na década de 1980. Para extrair o ouro, garimpeiros cavaram a Serra Pelada. Com a escavação, a serra foi destruída e, em seu lugar, formou-se um grande e profundo buraco, atualmente cheio de água da chuva.

8 Leia o texto e observe a foto.

Como acontece um deslizamento

Os deslizamentos são fenômenos naturais. No entanto, a ação humana pode contribuir para que os deslizamentos aconteçam com mais frequência.

Quando há a ocupação das encostas de morros e serras, a vegetação é retirada para a construção das moradias. Isso deixa o solo desprotegido e exposto à erosão provocada pela água das chuvas e pelo vento. Se a encosta for íngreme, podem acontecer deslizamentos, como este mostrado na foto.

Deslizamento de terra em encosta de morro no município de Salvador, estado da Bahia, em 2015.

a) Por que a ocupação das encostas de morros contribui para a ocorrência dos deslizamentos de terra?

_____
_____
_____

b) Em sua opinião, de que modo a vegetação protege o solo?

_____
_____
_____

Organize seus pensamentos em relação ao assunto antes de escrever.

Para ler e escrever melhor

O texto que você vai ler destaca algumas **causas** da erosão do solo e suas **consequências** para o ambiente.

A erosão do solo

A erosão do solo ocorre principalmente pela ação do vento e da água.

A ação do vento e da água desagrega os materiais que formam o solo. Esses materiais, juntamente com os nutrientes do solo, são transportados para outras áreas no processo de erosão.

Quando a vegetação é retirada, o solo fica exposto à ação da água da chuva: ao escoar, a água leva partículas do solo, erodindo-o. Por isso, podemos dizer que o desmatamento também provoca a erosão do solo.

Entre as consequências da erosão destacam-se a formação de buracos e fendas no solo e a perda de sua fertilidade.

Buracos e fendas originados por processo de erosão do solo no município de Cacequi, estado do Rio Grande do Sul, em 2015.

1 De que trata o texto?

_____

2 O texto mostra algumas causas e algumas consequências da erosão do solo. Grife de azul as causas e de vermelho as consequências.

3 O que é apresentado primeiro no texto: as causas ou as consequências?

_____

4 Complete o esquema com as informações do texto que você leu.

Erosão do solo

Causas
_____
_____
_____
_____

Consequências
_____
_____
_____
_____

5 Observe a sequência de desenhos.

Representações sem escala para fins didáticos.

a) Com base nos desenhos, escreva um texto destacando a provável causa do deslizamento de terra e as consequências desse fenômeno para os moradores do local.

b) Dê um título para o seu texto.

CAPÍTULO 2

A hidrografia

O que é rio?

Rio é um curso natural de água. O rio pode se originar de fontes subterrâneas, da água das chuvas e do derretimento de neve e de geleiras.

Desde seu ponto de origem, isto é, desde sua **nascente**, o rio percorre um caminho até chegar à sua **foz**, que é o local onde ele deságua. A foz de um rio pode ser o oceano, um lago ou outro rio. No caminho, o rio pode receber água de outros rios, que são chamados **afluentes**.

Foz do Rio das Ostras no Oceano Atlântico, município de Rio das Ostras, estado do Rio de Janeiro, em 2015.

O rio principal é aquele que deságua no mar.

Representação sem escala para fins didáticos.

1. O que é a nascente de um rio? E a foz?

_____

_____

A divisão hidrográfica brasileira

O conjunto de terras banhadas por um rio principal e seus afluentes é chamado de **bacia hidrográfica**.

No Brasil, as bacias hidrográficas estão agrupadas em regiões hidrográficas. **Região hidrográfica** é uma porção do território brasileiro que compreende uma ou mais bacias hidrográficas.

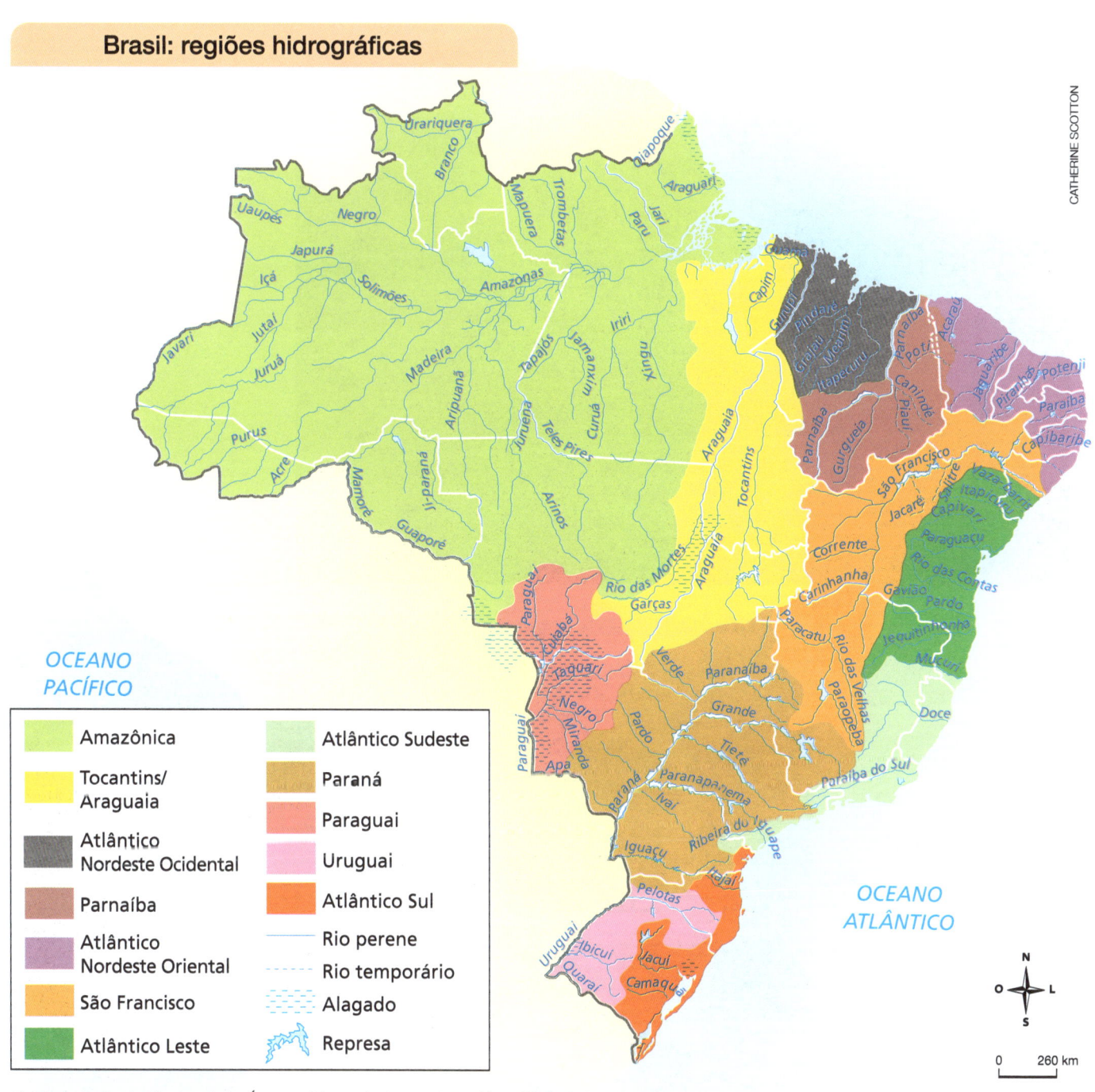

Brasil: regiões hidrográficas

Legenda:
- Amazônica
- Tocantins/Araguaia
- Atlântico Nordeste Ocidental
- Parnaíba
- Atlântico Nordeste Oriental
- São Francisco
- Atlântico Leste
- Atlântico Sudeste
- Paraná
- Paraguai
- Uruguai
- Atlântico Sul
- Rio perene
- Rio temporário
- Alagado
- Represa

Fontes: Agência Nacional de Águas. Disponível em: <http://mod.lk/anarh>. Acesso em: 19 mar. 2018; IBGE. *Atlas geográfico escolar*. 7. ed. Rio de Janeiro: IBGE, 2016.

2 Qual é a maior região hidrográfica brasileira?

A maioria dos rios brasileiros é permanente

A maioria dos rios brasileiros nunca seca, ou seja, seu fluxo de água é contínuo. Eles são chamados de **rios perenes** ou **rios permanentes**.

Alguns rios secam durante certo período do ano. Eles são chamados de **rios temporários** e correm apenas no período de chuvas. Esses rios localizam-se nas áreas mais áridas do território brasileiro, onde há longos períodos de seca.

O Brasil tem uma diversidade muito grande de paisagens que apresentam rios permanentes e temporários. Veja estes exemplos.

Áridas: secas.

Rio Negro, município de Novo Airão, estado do Amazonas, em 2017.

Ponte sobre o Rio Paraíba do Meio, município de Viçosa, estado de Alagoas, em período de estiagem, em 2015.

3 Há rios perenes no lugar onde você vive? Se sim, cite o nome de um.

4 No lugar onde você vive há algum rio temporário? Se sim, qual é o nome dele?

As cheias

Nos períodos de chuva, o volume de água dos rios aumenta. Esse é um fenômeno natural e é chamado de **cheia**. Com a cheia, a água do rio pode transbordar e inundar as várzeas.

Muitas vezes, as várzeas são ocupadas pelas pessoas, que ali constroem casas, ruas e avenidas. Essas áreas podem ser invadidas pela água do rio nos períodos de cheia, causando transtornos e prejuízos à população.

Várzeas: terrenos baixos que ficam às margens de um rio.

Assoreamento: acúmulo de detritos no leito do rio, diminuindo sua profundidade.

As construções e o asfalto das ruas impedem que a água da chuva penetre na terra. Essa água escoa direto para o rio, aumentando a quantidade de água mais rapidamente, e, dependendo da intensidade da chuva, pode ocorrer transbordamento.

Além disso, o acúmulo de lixo no leito do rio provoca o seu assoreamento e contribui para a ocorrência de inundações.

Inundação no município de São Sebastião do Caí, estado do Rio Grande do Sul, provocada pelo transbordamento do Rio Caí, em 2017.

5 No lugar onde você vive, é comum ocorrerem inundações por causa do transbordamento de rios?

Utilizando a água dos rios

As águas dos rios podem ser aproveitadas para abastecimento das cidades, agricultura e indústria, geração de eletricidade, transporte de pessoas e de mercadorias, pesca e atividades de lazer.

A agricultura e a indústria são as atividades que mais consomem água. No Brasil, cerca de 70% de toda a água doce disponível em nosso território é utilizada para irrigar as plantações. A indústria consome cerca de 10% dessa água e o abastecimento humano e outras atividades consomem os 20% restantes.

Irrigação de lavoura no muncípio de Campo Mourão, estado do Paraná, em 2016.

O relevo influencia o aproveitamento dos rios

Há rios que correm em terrenos mais planos, sem quedas-d'água em seu curso. Esses rios são chamados de rios de planície e podem ser utilizados para navegação, pesca e atividades de lazer.

Pescador no Rio Salsa, no município de Canavieiras, estado da Bahia, em 2015.

Barcos no Rio Amazonas, estado do Amazonas, em 2015.

Há também rios que atravessam terrenos irregulares e apresentam quedas-d'água. Esses rios são chamados de rios de planalto. Neles podem ser construídas barragens para reter a água, formando represas ou lagos.

A água represada é utilizada para a geração de energia elétrica em usinas hidrelétricas. No entanto, a construção de barragens e de reservatórios inunda áreas florestadas, alterando todo o ecossistema da região. A vegetação e a fauna ficam submersas, colocando várias espécies em risco de extinção. Cidades também podem ser inundadas com a construção de barragens, obrigando a população a se mudar para outros locais.

Queda-d'água no Rio Farinha, estado do Maranhão, em 2018.

Usina hidrelétrica de Itaipu, no Rio Paraná, estado do Paraná, em 2015.

6 Quais são os principais rios da unidade federativa onde você vive? Eles são rios de planície ou rios de planalto?

7 Na unidade federativa onde você vive predominam rios permanentes ou rios temporários?

O mundo que queremos

Água e saúde

Você já deve saber que o consumo de água contaminada ou o contato com ela pode causar doenças graves.

Mas você sabia que o armazenamento inadequado da água, mesmo que seja água limpa, também pode causar doenças?

A dengue é uma dessas doenças. Ela é transmitida pelo mosquito *Aedes aegypti*, que se desenvolve em locais onde há água acumulada, principalmente água limpa.

Por isso, é importante evitar que a água se acumule em locais de nossa casa, da escola e de outros ambientes que frequentamos.

Veja o que pode ser feito.

Preencher com areia pratos de vasos de plantas.

Guardar latas, baldes, garrafas e outros frascos com a boca virada para baixo e ao abrigo da chuva.

Manter tampados poços, tambores, galões e caixas-d'água.

Guardar pneus em locais protegidos da chuva.

1 A água, uma substância necessária à vida, pode causar doenças. Explique.

2 Qual é o agente transmissor da dengue?

3 Onde se desenvolve esse agente transmissor?

4 Por que devemos evitar o acúmulo de água nos ambientes?

Vamos fazer

Você viu que adotar alguns cuidados no dia a dia ajuda a combater o mosquito transmissor da dengue.

Que tal divulgar esses cuidados para outros colegas da escola? Siga as etapas e bom trabalho!

Etapas

1. Reúna-se com alguns colegas e listem os cuidados que as pessoas devem ter para não deixar água acumulada. Vocês podem utilizar os exemplos mostrados na página anterior e acrescentar outros.

2. Depois, escrevam cada um desses cuidados em uma cartolina diferente. Procurem utilizar frases que chamem a atenção das pessoas.

3. Ilustrem os cartazes de acordo com as frases.

4. Deem um título ao trabalho.

5. Espalhem os cartazes pela escola.

CAPÍTULO 3 — O clima

Tempo atmosférico não é o mesmo que clima

Você já deve ter percebido que o rádio, a televisão e os jornais fornecem, todos os dias, a previsão do tempo: parcialmente nublado e quente; chuvoso e frio; ensolarado etc. Também já deve ter ouvido dizer que o Brasil é um país de clima tropical, não é mesmo?

No entanto, é preciso saber que tempo atmosférico não é o mesmo que clima. Vamos distinguir um do outro.

Tempo atmosférico é a combinação dos elementos do clima em determinado local e momento. Os elementos do clima são: temperatura, chuva, ventos, nuvens, umidade.

O tempo atmosférico é passageiro, variando de um momento para outro. Em um mesmo dia, podem ocorrer tempos atmosféricos diferentes: ensolarado e quente de manhã, nublado e frio à tarde e chuvoso e frio à noite, por exemplo.

Clima é a sucessão de tipos de tempos atmosféricos que habitualmente se repetem durante vários anos em um local. Existem vários tipos de clima e eles são classificados quanto à temperatura e à umidade.

Atividade interativa
Tempo atmosférico e clima

> **Sucessão:** sequência de fatos que ocorrem sem interrupção ou com pequeno intervalo entre eles.

1. Como está o tempo agora no lugar onde você está?

2. Qual é o clima do lugar onde você vive?

O clima varia de região para região

O clima não é o mesmo em todo o planeta, variando de região para região: há regiões onde predominam climas mais frios e áreas onde os climas predominantes são mais quentes.

Essa variação ocorre por diversos fatores, entre eles a incidência desigual dos raios solares sobre a Terra. Isso quer dizer que cada porção da superfície terrestre é iluminada e aquecida com uma intensidade diferente.

As áreas mais próximas do Equador recebem os raios solares de forma perpendicular e, por isso, são aquecidas e iluminadas com mais intensidade. As áreas próximas dos polos recebem os raios solares de forma muito inclinada e, por isso, são aquecidas e iluminadas com menos intensidade.

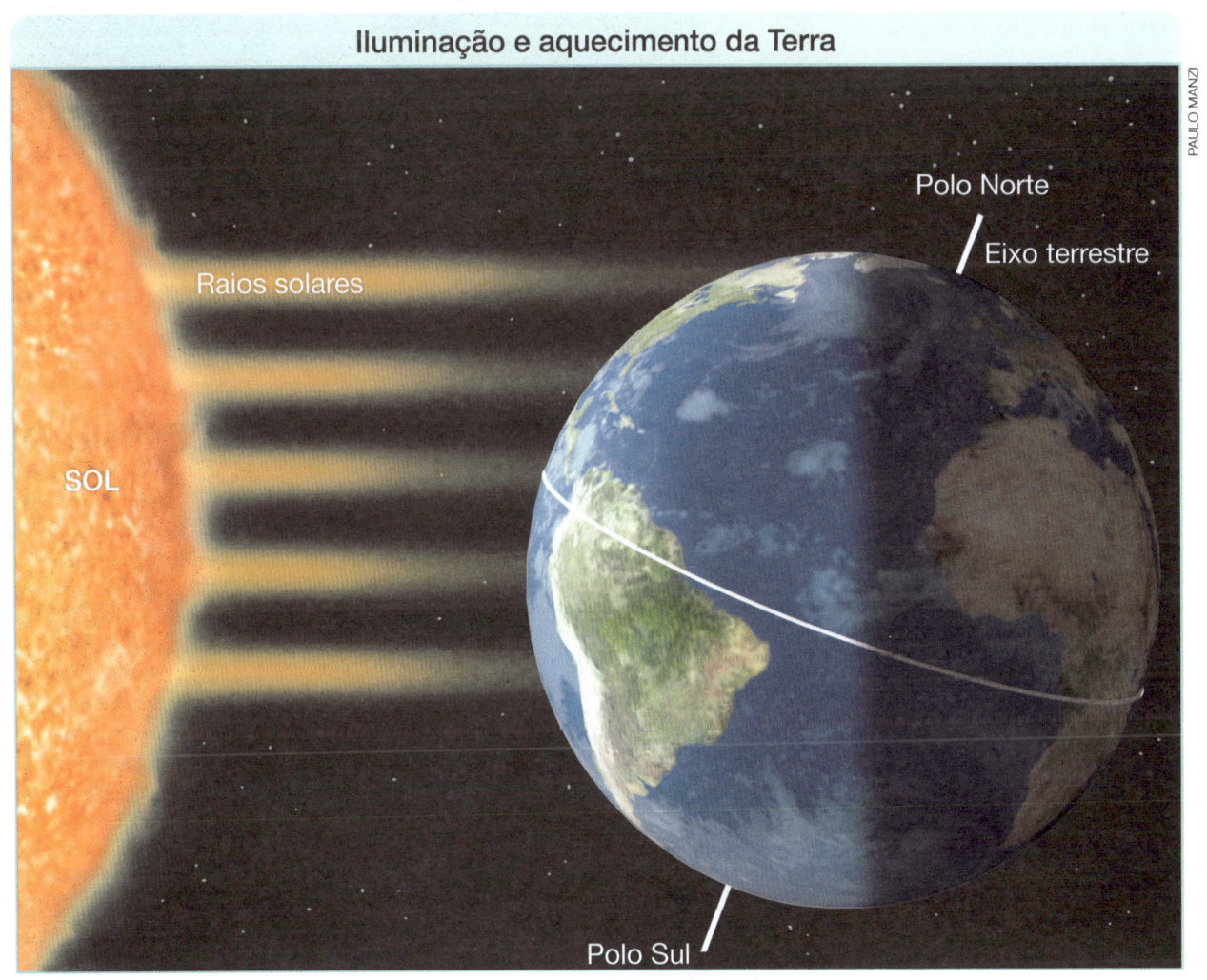

Iluminação e aquecimento da Terra

No esquema, os astros e a distância entre eles não estão representados em escala.

Essas diferenças na iluminação e no aquecimento da superfície terrestre acontecem por causa da forma esférica da Terra, da inclinação de seu eixo de rotação e da translação do planeta. Para compreender melhor, vamos entender o que são os movimentos de rotação e de translação.

Movimento de rotação

Rotação é o movimento que a Terra realiza ao redor de seu eixo imaginário. Esse eixo passa pelo centro da Terra, unindo o Polo Norte ao Polo Sul.

Para dar uma volta completa em torno de seu eixo, a Terra leva aproximadamente 24 horas.

O movimento de rotação é responsável pela sucessão de dias e noites: enquanto uma parte do planeta está iluminada pelo Sol, a outra está no escuro.

Movimento de rotação

O movimento de rotação da Terra ocorre de oeste para leste.

Movimento de translação

Translação é o movimento que a Terra realiza ao redor do Sol. Para dar uma volta completa em torno do Sol, a Terra leva cerca de 365 dias.

O eixo imaginário da Terra, isto é, seu eixo de rotação, é levemente inclinado em relação ao plano da órbita do planeta ao redor do Sol. Observe, no esquema ao lado, a inclinação do eixo de rotação da Terra em relação ao plano de sua órbita ao redor do Sol.

Inclinação do eixo de rotação da Terra

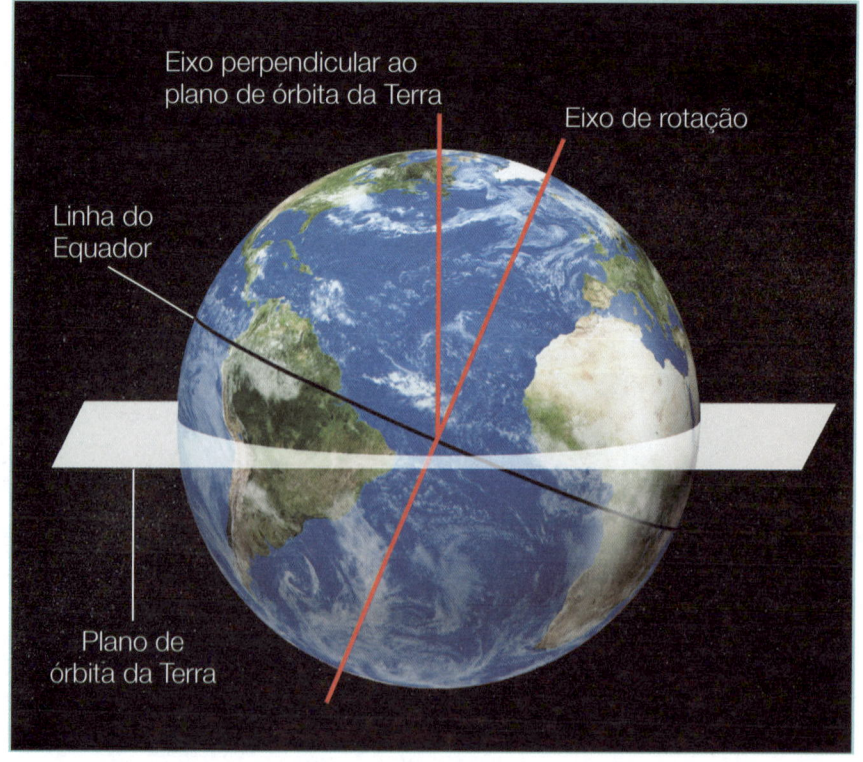

Nos esquemas desta página, os astros e a distância entre eles não estão representados em escala.

Os hemisférios norte e sul são iluminados e aquecidos pelos raios solares de maneira desigual.

No decorrer do movimento de translação do planeta, as estações do ano vão se alternando nos hemisférios. Observe, no esquema a seguir, que, quando é primavera no hemisfério norte, é outono no hemisfério sul e vice-versa.

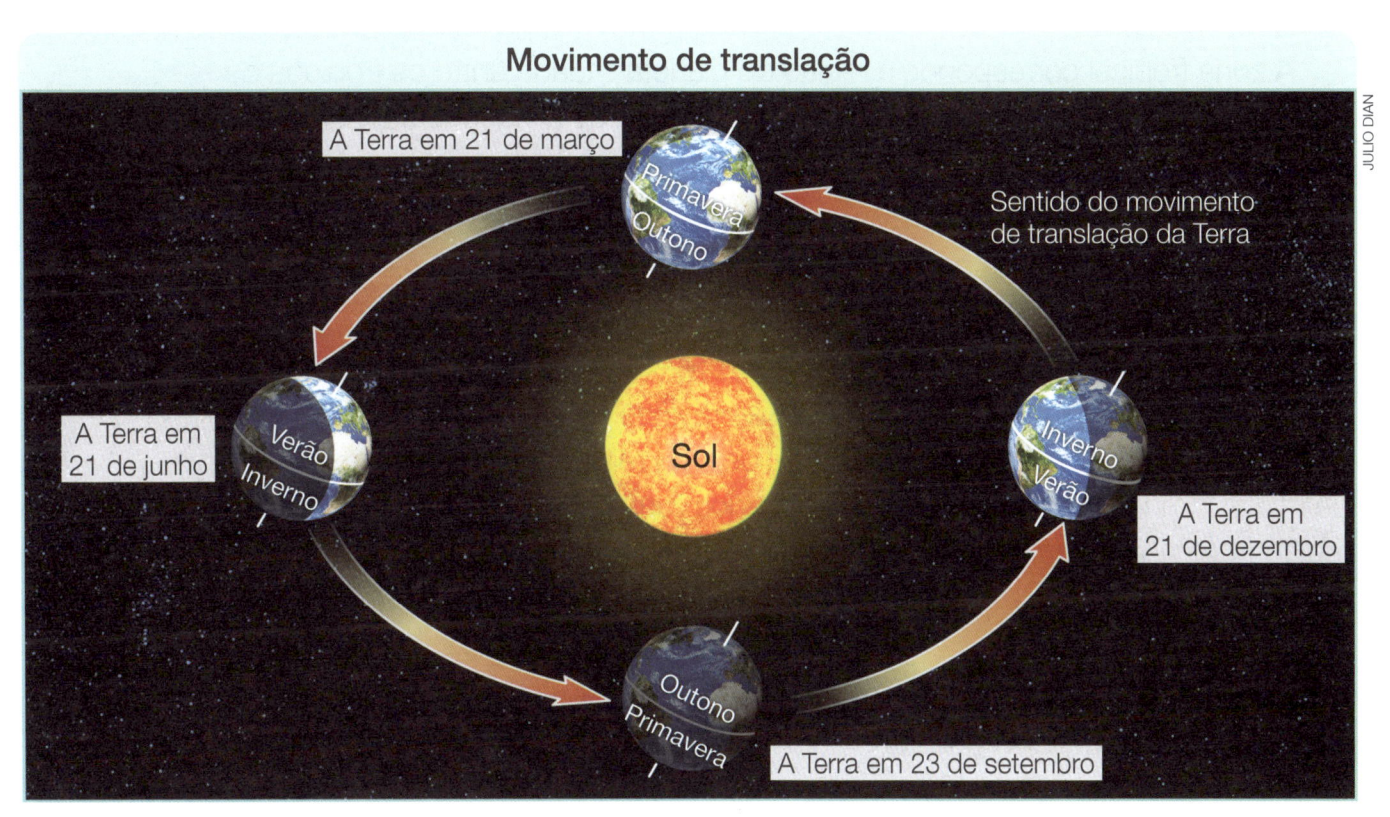

Movimento de translação

A Terra em 21 de março — Primavera / Outono

Sentido do movimento de translação da Terra

A Terra em 21 de junho — Verão / Inverno

Sol

A Terra em 21 de dezembro — Inverno / Verão

A Terra em 23 de setembro — Outono / Primavera

O movimento de translação e a inclinação do eixo de rotação da Terra são responsáveis pelo ciclo das estações do ano.

Nesse esquema, o Sol, a Terra e a distância entre ambos não estão representados em escala.

O ano bissexto

O movimento do translação da Terra ocorre precisamente em 365 dias, 5 horas e 48 minutos (ou seja, aproximadamente 6 horas).

A cada quatro anos, essas 6 horas são somadas, totalizando 24 horas, o que equivale a um dia. Esse dia é acrescentado ao mês de fevereiro, que passa a ter 29 dias. Dessa maneira, a cada quatro anos temos um ano bissexto, ou seja, um ano com 366 dias.

3 Estamos em um ano bissexto? Quando será o próximo ano bissexto?

_____

_____

As zonas de iluminação e aquecimento da Terra

Podemos distinguir diferentes áreas de iluminação e aquecimento no planeta: a zona tropical, as zonas temperadas e as zonas polares. Essas zonas são delimitadas pelos principais paralelos.

Zona tropical

A zona tropical corresponde à região do planeta situada entre os trópicos de Câncer e de Capricórnio. Nessa região, os raios solares atingem a superfície terrestre de maneira perpendicular, iluminando-a e aquecendo-a com mais intensidade.

A zona tropical é a mais iluminada e quente do planeta. A maior parte do território brasileiro situa-se na zona tropical.

Zonas temperadas

As zonas temperadas correspondem às regiões do planeta localizadas entre os trópicos e os círculos polares. Nessas regiões, os raios solares atingem a superfície de modo inclinado e, por isso, elas são menos iluminadas e aquecidas do que a região tropical. Nas zonas temperadas, as temperaturas são mais amenas.

Zonas polares

As zonas polares correspondem às regiões ártica e antártica do planeta, situadas entre os círculos polares e os polos. Nessas regiões, os raios solares atingem a superfície terrestre de forma muito inclinada e, por isso, elas são as menos iluminadas e aquecidas da Terra. As zonas polares apresentam as temperaturas mais baixas do planeta.

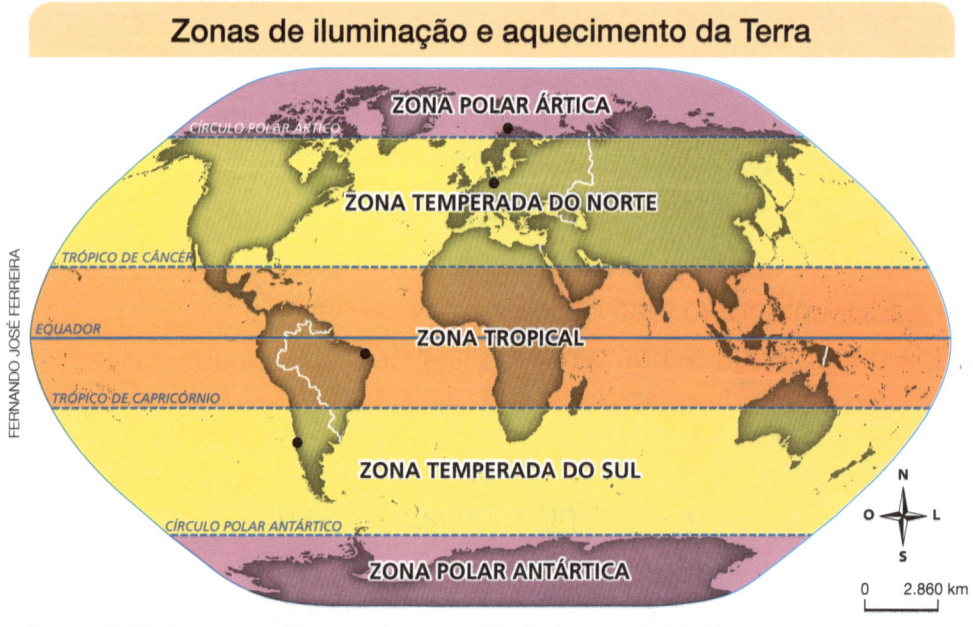

Zonas de iluminação e aquecimento da Terra

Fonte: IBGE. *Atlas geográfico escolar*. 7. ed. Rio de Janeiro: IBGE, 2016.

As zonas de iluminação e aquecimento e as estações do ano

Na zona tropical, as temperaturas são elevadas durante o ano todo. Nas zonas polares, as temperaturas são muito baixas o ano inteiro. Por isso, nessas áreas, é mais difícil perceber diferenças entre uma estação e outra.

Nas zonas temperadas, as estações do ano são bem marcadas e podemos perceber as mudanças entre as estações: no verão, as temperaturas são altas; no inverno, são baixas; e no outono e na primavera as temperaturas são mais amenas. Essas diferenças podem ser facilmente percebidas na paisagem.

As fotos mostram a paisagem do mesmo local ao longo das estações do ano, no Canadá. Nas fotos 1 a 4, respectivamente: primavera, verão, outono e inverno.

4. A paisagem do lugar onde você vive muda bastante de uma estação do ano para outra? Se sim, conte o que muda.

___
___
___
___

Os climas do Brasil

A maior parte do Brasil situa-se na zona tropical, que é a região mais quente da Terra. Por isso, em nosso país predominam climas quentes, com temperaturas elevadas e quantidade variável de chuvas.

Conheça as principais características dos climas do Brasil.

- **Equatorial:** clima quente e muito úmido, com grandes quantidades de chuva durante o ano.
- **Tropical:** clima quente, com duas estações bem distintas: inverno seco e verão chuvoso.
- **Tropical semiárido:** clima quente e seco, com as mais elevadas temperaturas médias do país e as menores quantidades de chuva.
- **Tropical de altitude:** clima que ocorre nas áreas de planalto e de serras com mais de 1.000 metros de altitude nos estados de São Paulo, Minas Gerais, Mato Grosso do Sul e Paraná. As temperaturas médias são mais baixas que as do clima tropical.
- **Subtropical:** clima com as temperaturas mais baixas do país, com ocorrência de neve ou geada. As áreas de clima subtropical localizam-se na zona temperada do sul.

Paisagem no estado de Sergipe, em área de clima tropical semiárido, em 2017.

Paisagem no estado de Santa Catarina, em área de clima subtropical, em 2013.

Paisagem no estado do Amazonas, em área de clima equatorial, em 2016.

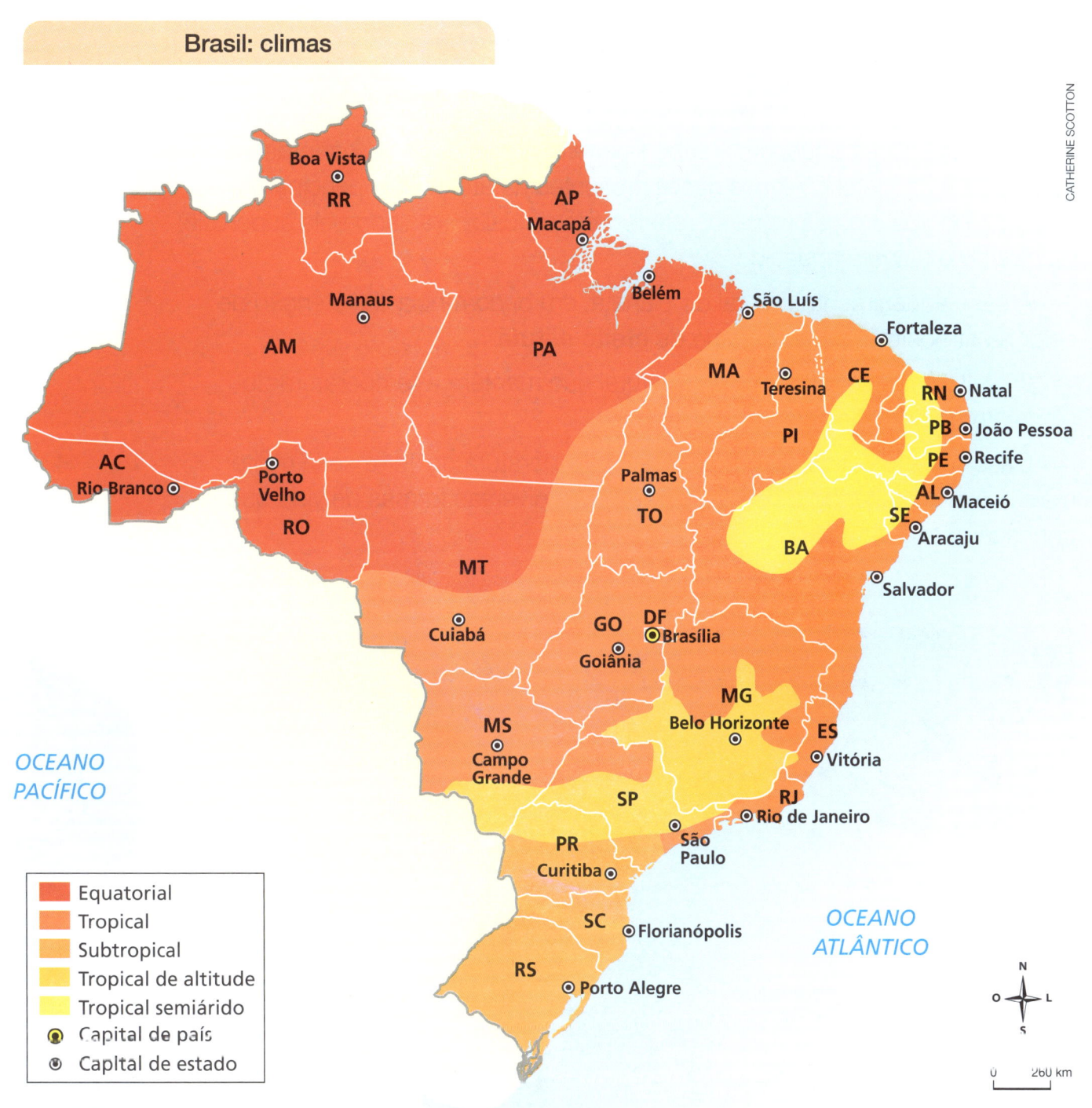

Brasil: climas

Legenda:
- Equatorial
- Tropical
- Subtropical
- Tropical de altitude
- Tropical semiárido
- ⊙ Capital de país
- ⊙ Capital de estado

Fonte: José B. Conti; Sueli A. Furlan. Geoecologia: o clima, os solos e a biota. Em: Jurandyr L. S. Ross. (Org.). *Geografia do Brasil*. 5. ed. São Paulo: Edusp, 2008. (Adaptado.)

5 Que clima(s) ocorre(m) na unidade federativa onde você vive?

Atividade interativa
Brasil: climas

_____
_____
_____
_____

O efeito estufa mantém a temperatura da Terra ideal à vida

Os raios solares aquecem a superfície terrestre, que irradia parte desse calor para a atmosfera. Alguns gases presentes na atmosfera, principalmente o gás carbônico e o gás metano, retêm parte do calor irradiado pela superfície, mantendo o planeta aquecido.

A esse aquecimento natural do planeta, em decorrência da retenção de calor na atmosfera, dá-se o nome de **efeito estufa**.

O efeito estufa é um fenômeno natural que mantém a temperatura do planeta em condições ideais à vida.

Caso o efeito estufa não ocorresse, a temperatura da Terra seria muito mais baixa, dificultando o desenvolvimento de diversas formas de vida que conhecemos.

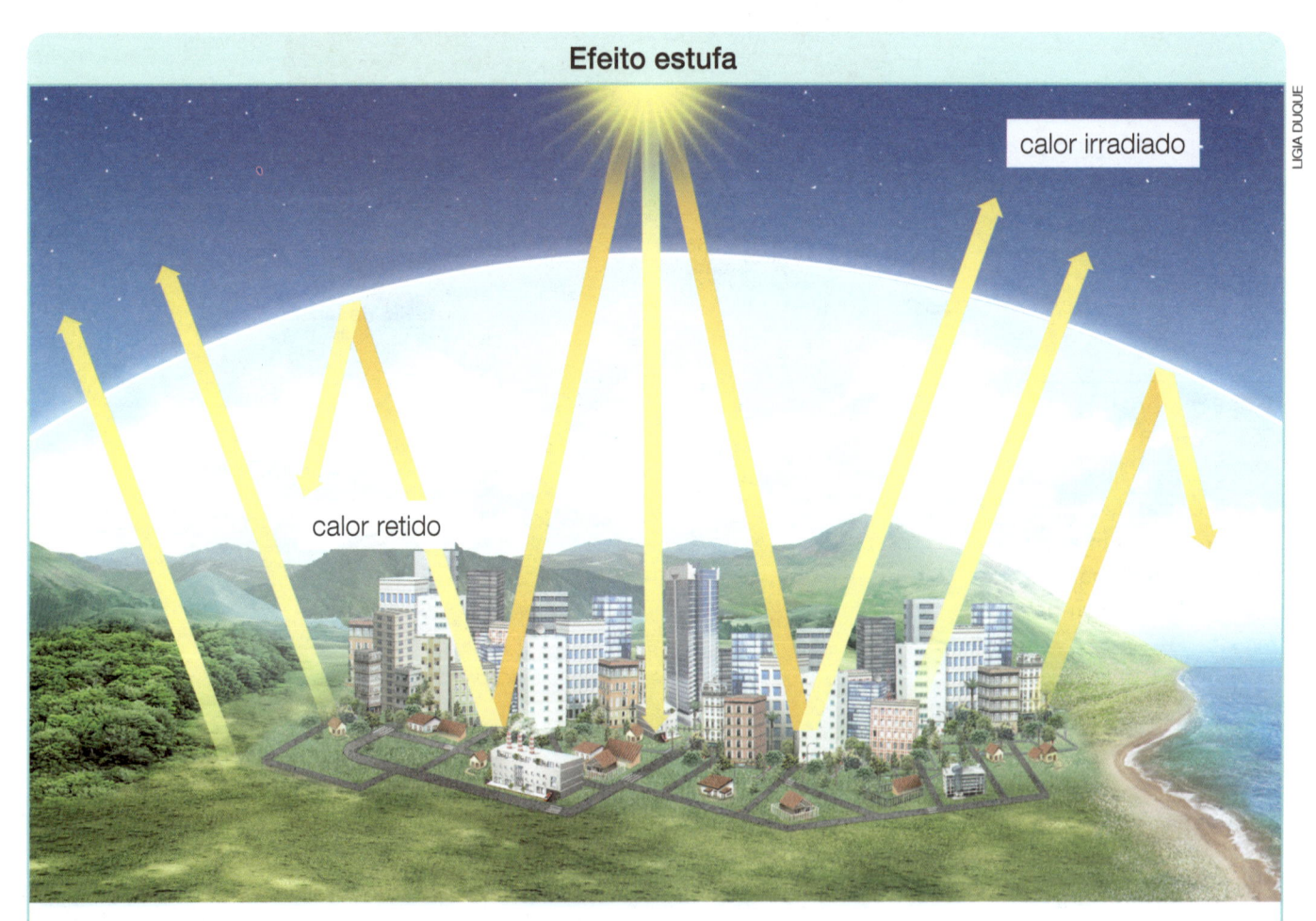

Efeito estufa

calor irradiado

calor retido

Representação sem escala para fins didáticos.

Os raios solares atingem a superfície terrestre, aquecendo-a. A superfície terrestre irradia parte do calor para a atmosfera. Alguns gases presentes na atmosfera retêm parte do calor irradiado, causando o efeito estufa.

O aumento do efeito estufa eleva a temperatura da Terra

Alguns cientistas apontam que as atividades industriais e especialmente as queimadas têm contribuído para a elevação da temperatura do planeta. Essas atividades emitem grande quantidade de gases do efeito estufa (gás carbônico e gás metano, entre outros). O aumento desses gases na atmosfera faz aumentar o efeito estufa, ou seja, a atmosfera passa a reter mais calor. Em consequência disso, há um aumento da temperatura média do planeta, que é chamado de **aquecimento global**.

De acordo com pesquisadores, o aquecimento global pode contribuir para:

- o aumento na ocorrência e na intensidade de ciclones e enchentes;
- o derretimento de massas de gelo, o que elevaria o nível de mares e oceanos;
- a expansão de áreas desérticas;
- mudanças nas condições do hábitat de animais e de plantas, podendo causar a extinção de espécies;
- mudanças no padrão climático mundial.

Na foto 1, imagem da geleira Upsala, na Argentina, em 1928. Na foto 2, imagem da mesma geleira em 2014. De acordo com pesquisas, a geleira recua cerca de 200 metros por ano, evidenciando o aumento da temperatura do planeta.

6 O efeito estufa é um fenômeno natural do planeta. O que aconteceria se ele não ocorresse?

7 E o que acontece se houver aumento do efeito estufa? Quais são as consequências para os seres vivos?

CAPÍTULO 4 — A vegetação

A vegetação é um dos elementos que compõem a paisagem. O Brasil apresenta uma diversidade muito grande de vegetação por causa da variedade de tipos de solo e de clima.

Você vai conhecer um pouco das principais formações vegetais do Brasil: a floresta amazônica, a mata atlântica, a caatinga, o cerrado e a mata dos pinhais.

- **Floresta amazônica:** é uma floresta tropical que ocorre em áreas de clima quente e úmido, como o clima equatorial, que abrange o norte do Brasil. A floresta amazônica tem matas densas, com árvores de grande porte e bem próximas umas das outras.

Trecho de floresta amazônica, estado de Roraima, em 2016.

- **Mata atlântica:** também é uma floresta tropical. A mata atlântica, ou floresta atlântica, cobria originalmente uma extensa e larga faixa da costa brasileira, desde o Rio Grande do Norte até o Rio Grande do Sul, e, também, vários trechos do interior do Brasil. A mata atlântica apresenta uma das maiores biodiversidades do mundo.

Trecho de mata atlântica, estado de São Paulo, em 2016.

- **Caatinga:** é a vegetação predominante nas áreas de clima tropical semiárido. A caatinga é formada por plantas adaptadas ao clima quente e seco, como os cactos.

Trecho de caatinga, estado da Bahia, em 2014.

- **Cerrado:** é a vegetação que ocorre em áreas de clima quente e com pouca umidade, sobretudo nos planaltos do Brasil central. O cerrado é formado por plantas rasteiras, arbustos e árvores retorcidas que aparecem dispersas na paisagem.

Trecho de cerrado, estado de Goiás, em 2015.

- **Mata dos pinhais:** também conhecida como floresta de araucárias, é uma vegetação típica de áreas de clima subtropical, que ocorre no sul do Brasil.

Trecho de mata dos pinhais, estado do Paraná, em 2016.

O mapa a seguir mostra a cobertura vegetal original do território brasileiro antes da colonização.

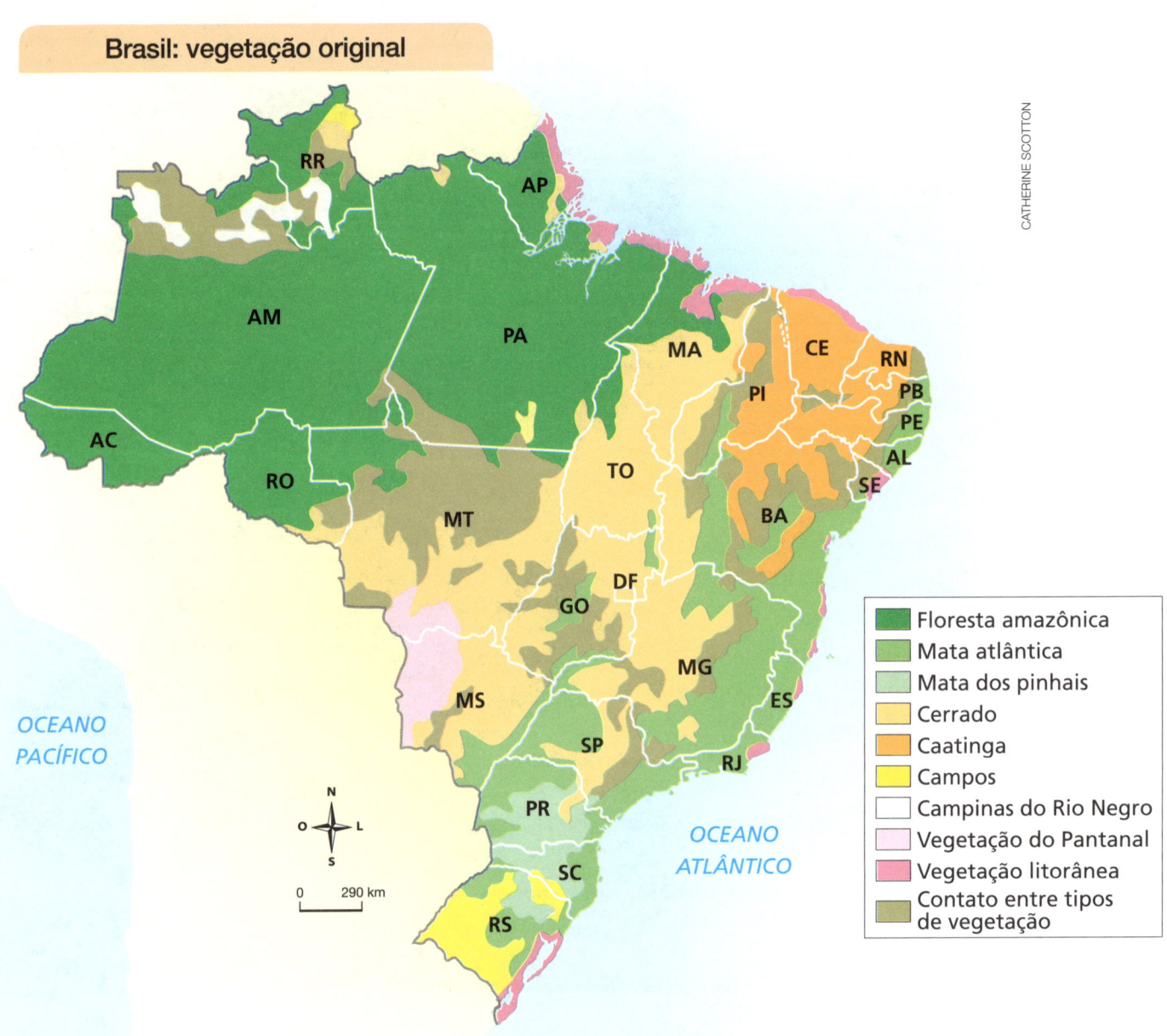

Brasil: vegetação original

Legenda:
- Floresta amazônica
- Mata atlântica
- Mata dos pinhais
- Cerrado
- Caatinga
- Campos
- Campinas do Rio Negro
- Vegetação do Pantanal
- Vegetação litorânea
- Contato entre tipos de vegetação

Fonte: Graça M. L. Ferreira. *Atlas geográfico*: espaço mundial. 4. ed. São Paulo: Moderna: 2013. (Adaptado.)

1. Nessa época, quais formações vegetais existiam na unidade federativa onde você vive?

_____
_____
_____
_____
_____

A devastação da vegetação brasileira

Desde o início da colonização, as formações vegetais do Brasil vêm sendo alteradas pela ação humana.

O cerrado e a mata atlântica são as formações vegetais que foram mais alteradas. Essas formações vegetais encontram-se bastante devastadas.

Originalmente, o **cerrado** se estendia por quase toda a porção central do Brasil. Atualmente, ele ocupa apenas parte da Região Centro-Oeste, ocorrendo também em trechos do Sudeste, do Nordeste e do Norte do Brasil.

A expansão de atividades agropecuárias, a mineração e a extração de madeira vêm provocando a contaminação dos rios e o esgotamento dos solos do cerrado, além de ameaçar de extinção várias espécies da sua fauna e da sua flora.

As queimadas, bastante comuns no cerrado, também degradam o solo e ameaçam os animais e as plantas.

Podem ocorrer queimadas naturais causadas pela queda de raios no início da estação chuvosa. Mas, na maioria das vezes, elas são provocadas pela ação humana, com a finalidade de limpar o terreno para as atividades agropecuárias.

Queimada em área de cerrado no município de Alto Paraíso de Goiás, estado de Goiás, em 2016.

A maior parte da **mata atlântica** não existe mais, pois foi muito devastada com a ocupação do território brasileiro.

Essa devastação iniciou-se com a exploração do pau-brasil pelos colonizadores portugueses, cerca de 500 anos atrás. Depois, boa parte da mata atlântica deu lugar aos cultivos de cana-de-açúcar e de café. Em decorrência da ocupação urbana e da expansão de áreas agrícolas, restam pouquíssimas áreas de mata atlântica em sua forma original.

A derrubada da mata atlântica para o cultivo de café, na atual Região Sudeste do Brasil, foi retratada na obra *Desmatamento de uma floresta*, litografia de Johann Moritz Rugendas, cerca de 1835.

Atualmente, os **remanescentes** da mata atlântica são preservados por lei. As unidades de conservação são criadas pelo governo em espaços com características naturais relevantes e têm a função de preservar a natureza.

Remanescentes: que restaram, que sobraram.

Visitantes observam a paisagem no Parque Nacional da Tijuca, município do Rio de Janeiro, estado do Rio de Janeiro, em 2016.

O mapa abaixo mostra as formações vegetais do Brasil na atualidade.

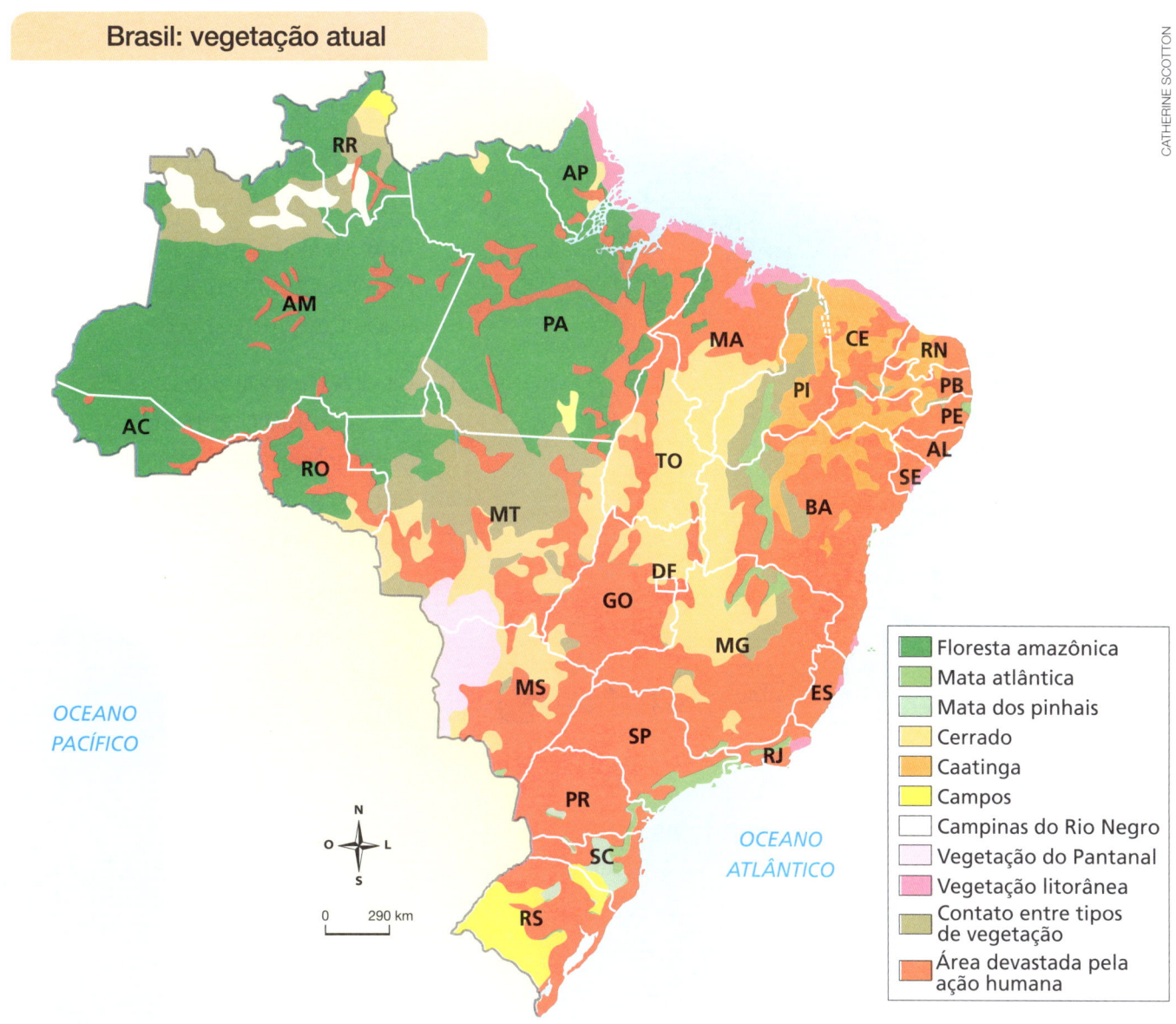

Brasil: vegetação atual

Legenda:
- Floresta amazônica
- Mata atlântica
- Mata dos pinhais
- Cerrado
- Caatinga
- Campos
- Campinas do Rio Negro
- Vegetação do Pantanal
- Vegetação litorânea
- Contato entre tipos de vegetação
- Área devastada pela ação humana

Fonte: Graça M. L. Ferreira. *Atlas geográfico*: espaço mundial. 4. ed. São Paulo: Moderna: 2013. (Adaptado.)

2 Compare o mapa desta página com o mapa da página 76.
- A vegetação que existia no território brasileiro até a colonização foi muito devastada na unidade federativa onde você vive? Como você explicaria isso?

_____

_____

_____

Atividade interativa
Principais paisagens vegetais brasileiras

3 Em sua opinião, o que pode ser feito para preservar a vegetação que ainda resta?

O que você aprendeu

1 Observe o esquema e responda.

Atividade interativa
O relevo terrestre

a) Qual letra indica o processo de remoção e transporte de materiais desagregados das rochas que compõem a superfície terrestre?

b) Qual letra indica o processo de acúmulo dos materiais desagregados das rochas que foram removidos e transportados?

c) Identifique o nome dos processos representados pelas letras A e B.

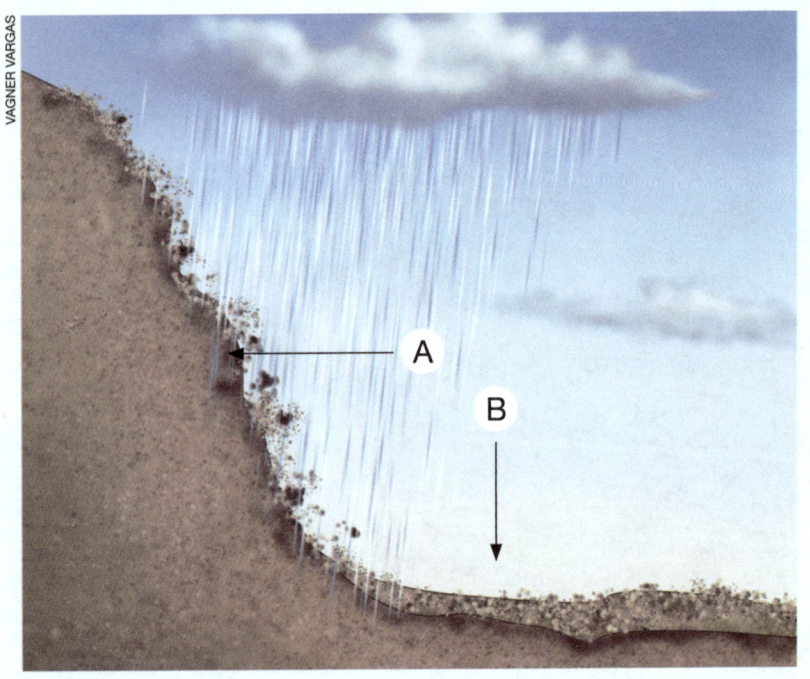

Representação sem escala para fins didáticos.

2 Observe o esquema e responda às questões.

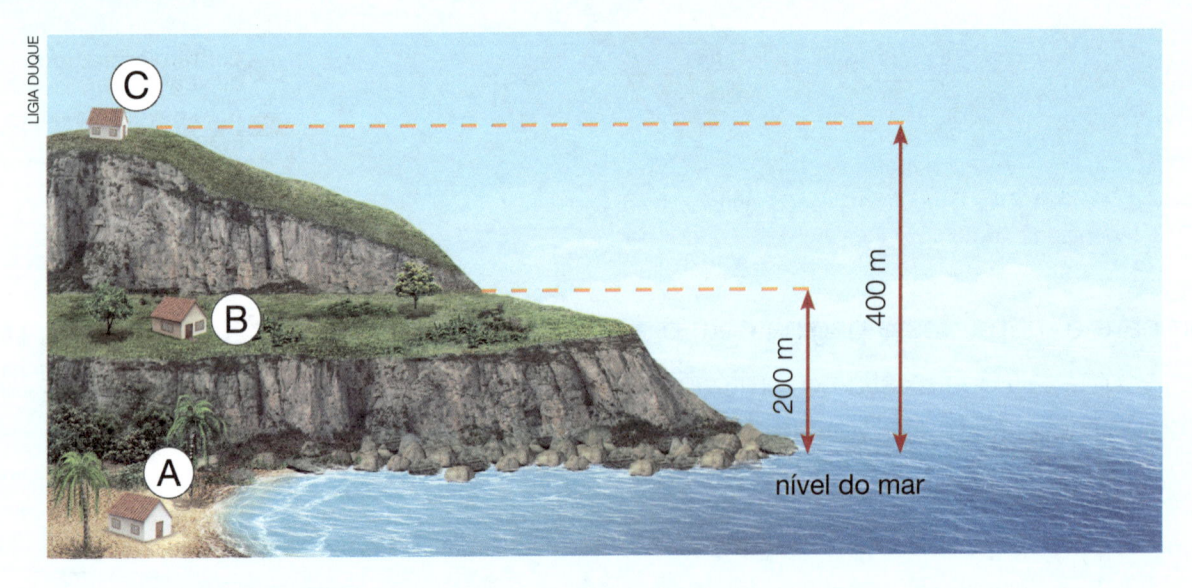

a) A casa C está a 400 metros de altura. Essa afirmativa está certa ou errada? Explique.

b) Qual das três casas se situa em área de planície?

c) Qual das três casas está situada em área de maior altitude? Justifique.

80

3 Observe este mapa e responda.

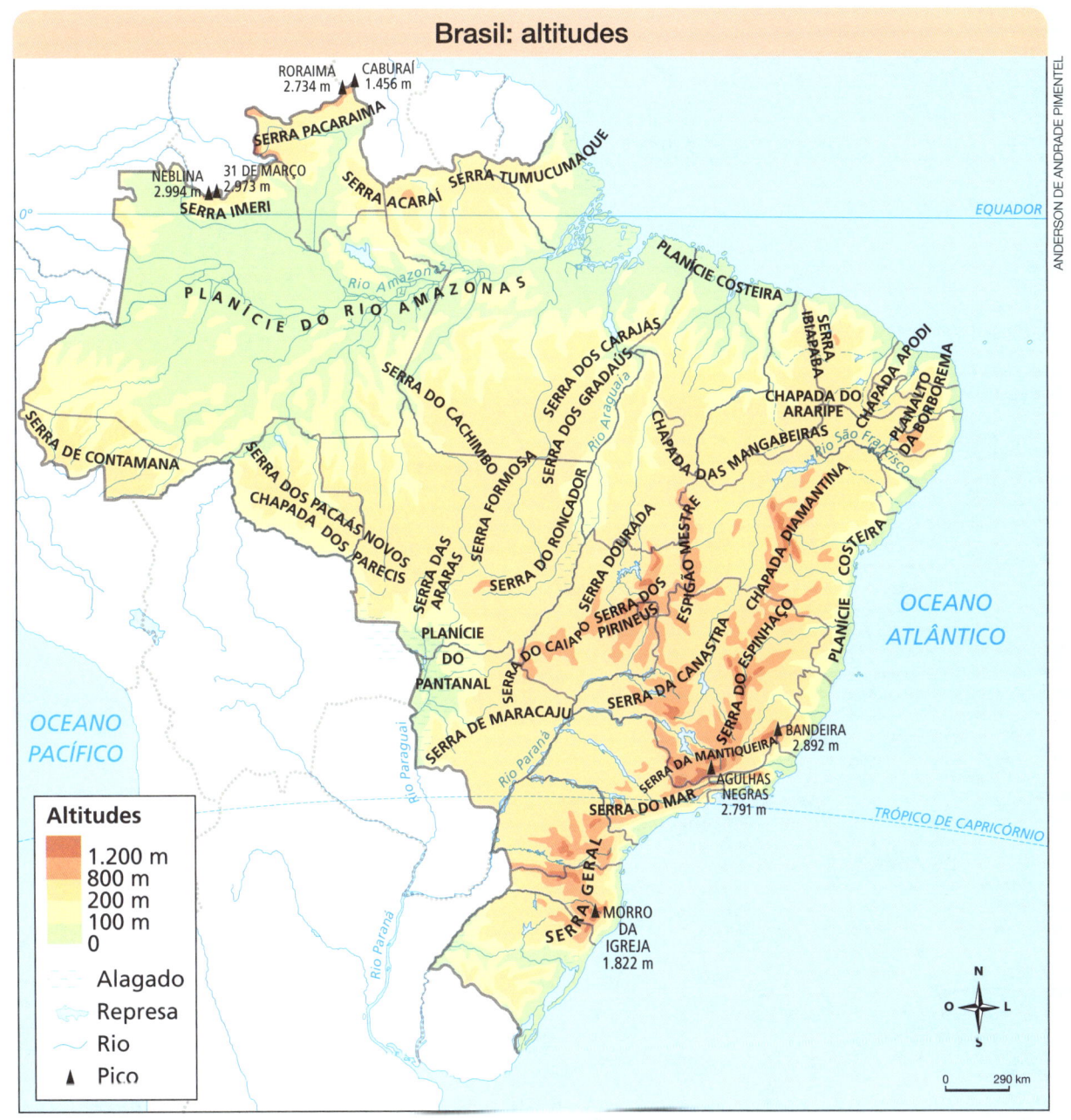

Brasil: altitudes

Fonte: Graça Maria Lemos Ferreira. *Moderno atlas geográfico.* 6. ed. São Paulo: Moderna, 2016.

a) Que cor representa as áreas de maiores altitudes?

b) Que altitudes correspondem a essa cor?

c) Que cor representa as áreas de menores altitudes?

d) Em que estado brasileiro predominam altitudes de 0 a 100 metros?

e) Que cor predomina na unidade federativa em que você mora?

f) Que altitudes correspondem a essa cor?

g) Nesse mapa, de que modo os picos foram representados?

4 O que é um rio?

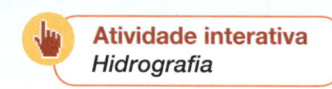

_____

_____

5 O que é uma bacia hidrográfica?

_____

_____

6 Observe o mapa.

Região hidrográfica do São Francisco

Fontes: Agência Nacional de Águas. Disponível em: <http://mod.lk/anarh>. Acesso em: 19 mar. 2018; IBGE. *Atlas geográfico escolar*. 7. ed. Rio de Janeiro: IBGE, 2016.

a) O que o mapa mostra?

b) Em que estados se situa a Região Hidrográfica do São Francisco?

c) Que represas fazem parte dessa região?

d) O Rio São Francisco nasce em Minas Gerais e passa por outros 4 estados até desaguar no Oceano Atlântico. Quais são esses estados?
  - Onde é a foz do Rio São Francisco?

7 Quais são as zonas de iluminação e aquecimento da Terra? Descreva as principais características de cada uma.

8 Observe o gráfico e responda às questões.

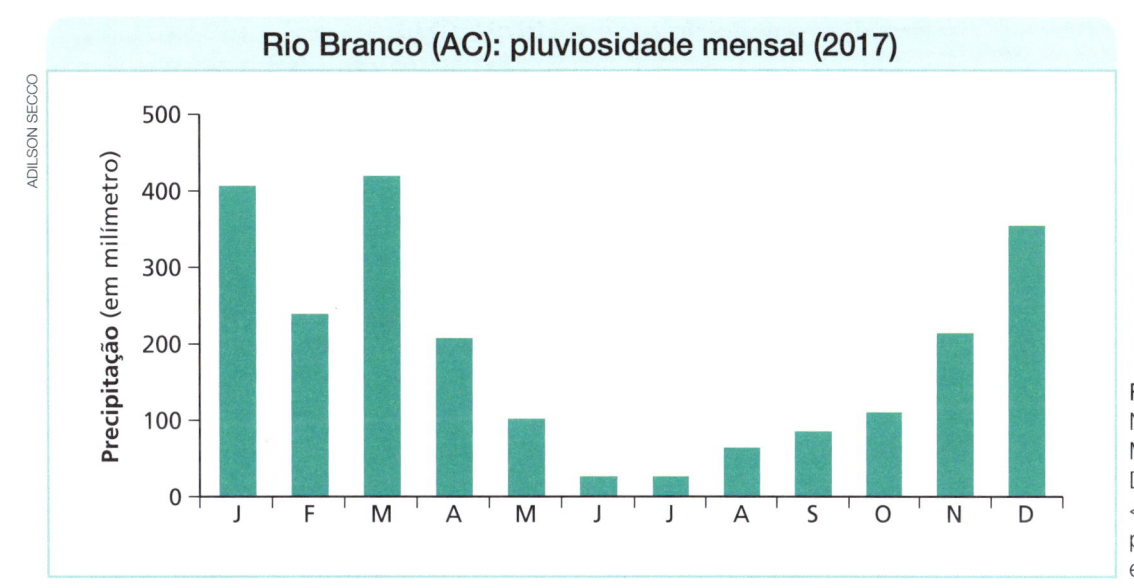

Rio Branco (AC): pluviosidade mensal (2017)

[Gráfico de barras mostrando a precipitação em milímetros por mês: J≈410, F≈240, M≈420, A≈210, M≈100, J≈25, J≈25, A≈65, S≈85, O≈110, N≈215, D≈355]

Fonte: Instituto Nacional de Meteorologia. Disponível em: <http://mod.lk/precrb17>. Acesso em: 21 mar. 2018.

Cada letra no eixo horizontal do gráfico corresponde à inicial de um mês do ano, de janeiro a dezembro. Cada coluna representa o índice pluviométrico, isto é, a quantidade de chuva que caiu em um mês, em milímetro.

a) Qual é o título do gráfico?

_____

_____

b) Você sabe o que significa a palavra **pluviosidade**? Pesquise e anote.

_____

_____

c) Quando ocorreu a menor quantidade de chuva na cidade de Rio Branco em 2017? E quando ocorreu a maior quantidade de chuva nesse mesmo ano?

_____

_____

d) Rio Branco é a capital de qual estado brasileiro? Qual é o clima predominante nesse estado?

_____

_____

e) Em que estação do ano chove mais em Rio Branco: no inverno ou no verão?

_____

_____

9 Observe o mapa e responda às questões a seguir.

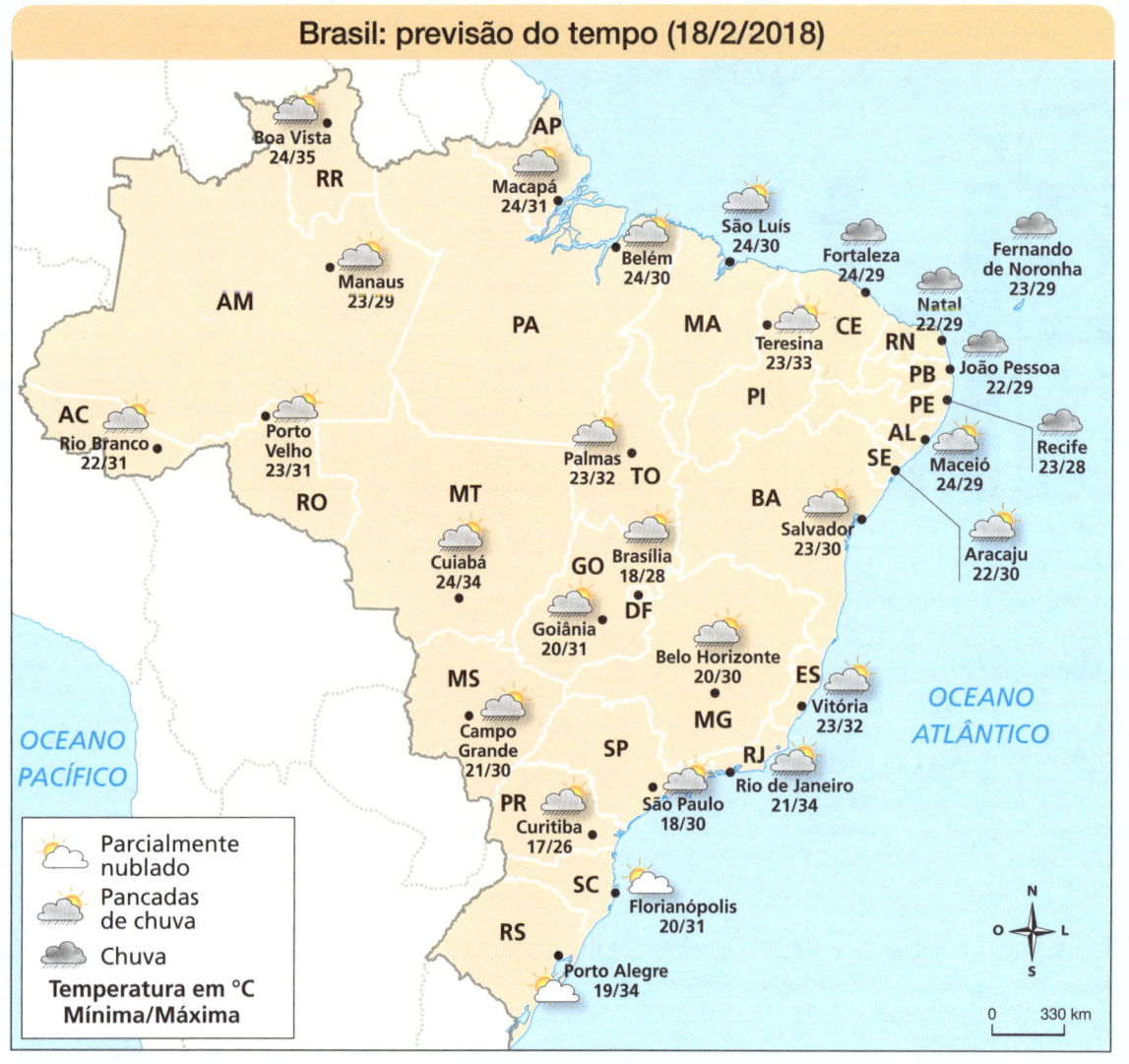

Brasil: previsão do tempo (18/2/2018)

Fonte: *Folha de S.Paulo*, São Paulo, 18 fev. 2018. Cotidiano. p. B2. (Adaptado.)

a) Qual foi a previsão do tempo para a capital da unidade federativa onde você vive?

b) Qual foi a previsão do tempo para estas capitais de estado: Rio Branco (AC), Fortaleza (CE), Recife (PE), Goiânia (GO), Vitória (ES) e Porto Alegre (RS)?

c) Que capital de estado apresentava previsão de maior temperatura máxima? E de menor temperatura mínima?

10 Sobre o efeito estufa que o planeta Terra apresenta, responda às questões.

a) Quais são os principais gases que causam o efeito estufa?

b) O que o aumento desses gases na atmosfera do planeta pode causar?

c) Qual é a causa do aumento desses gases na atmosfera?

11 Observe as fotos e responda às questões.

Atividade interativa
Brasil: vegetação

①
Paisagem no município de Almirante Tamandaré, estado do Paraná, em 2016.

②
Paisagem no município de Cabaceiras, estado da Paraíba, em 2015.

a) As fotos mostram plantas típicas de determinadas formações vegetais brasileiras. Que formações vegetais são essas? Como você sabe?

_____
_____
_____
_____

b) Como é o clima das áreas onde ocorrem os tipos de vegetação mostrados em cada uma das fotos?

_____
_____
_____
_____

12 Desenhe as formações vegetais que ocorrem no lugar onde você vive. Depois, escreva um pequeno texto contando como é essa vegetação.

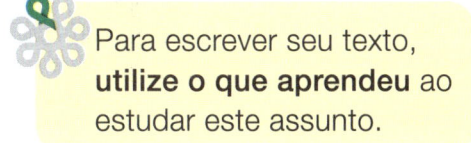

Para escrever seu texto, **utilize o que aprendeu** ao estudar este assunto.

UNIDADE 3
A população brasileira

FELIZ DIA MUNDIAL DA POPULAÇÃO!

Celebre a diversidade da população brasileira.

Vamos conversar

No dia 11 de julho, comemora-se o Dia Mundial da População.

A data foi instituída pela Organização das Nações Unidas (ONU) com a finalidade de alertar sobre a importância das questões populacionais no contexto dos planos de desenvolvimento dos países.

1. Atualmente, nosso planeta tem mais de 7 bilhões de habitantes. Quantos habitantes tem o Brasil?
2. O mundo é formado por diferentes povos, cada um com características e cultura próprias. Quais povos contribuíram para a formação da população brasileira?
3. De que modo esses povos influenciaram nossos costumes?

FOTOS (DA ESQUERDA PARA A DIREITA, DE CIMA PARA BAIXO): SAM EDWARDS/GETTY IMAGES, ZHU DIFENG/SHUTTERSTOCK, EDSON SATO/PULSAR IMAGENS, STUDIO 10NE/SHUTTERSTOCK, MARCELO CARMINATO VENCIGUERRA, MARCO AURÉLIO GOIS DOS SANTOS, LUCIAN COMAN/SHUTTERSTOCK, CASSANDRA CURY/PULSAR IMAGENS, KIMBERRYWOOD/SHUTTERSTOCK, DELFIM MARTINS/PULSAR IMAGENS, PALÊ ZUPPANI/PULSAR IMAGENS, MARCO AURÉLIO GOIS DOS SANTOS, MICHAELJUNG/SHUTTERSTOCK, PIXELHEADPHOTO DIGITALSKILLET/SHUTTERSTOCK

CAPÍTULO 1 — Todos nós fazemos parte da população

População é o conjunto de habitantes de um lugar. Todos os habitantes do Brasil, por exemplo, formam a população brasileira.

Observe, no gráfico abaixo, os países mais populosos do mundo. Em seguida, localize-os no planisfério.

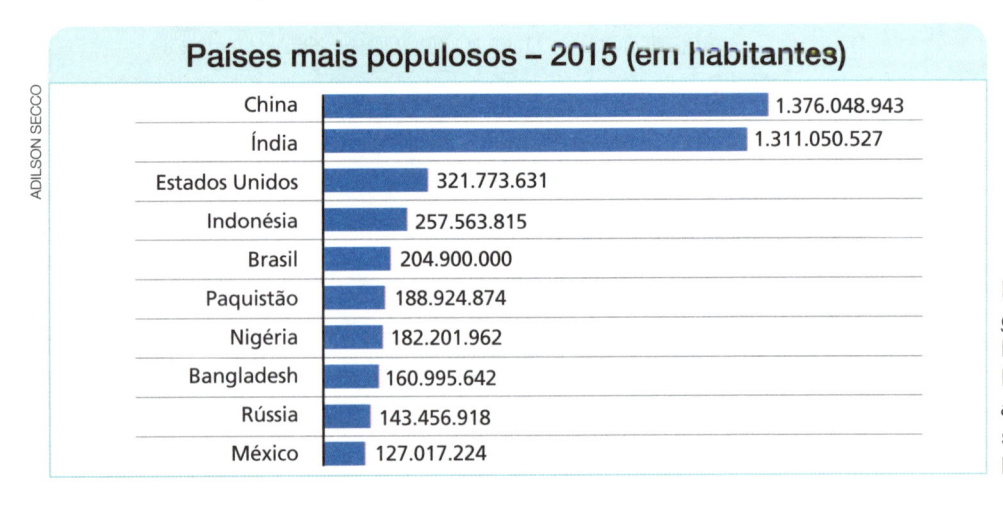

Países mais populosos – 2015 (em habitantes)

País	Habitantes
China	1.376.048.943
Índia	1.311.050.527
Estados Unidos	321.773.631
Indonésia	257.563.815
Brasil	204.900.000
Paquistão	188.924.874
Nigéria	182.201.962
Bangladesh	160.995.642
Rússia	143.456.918
México	127.017.224

Fontes: IBGE. *Atlas geográfico escolar*. 7. ed. Rio de Janeiro: IBGE, 2016; IBGE. *Pesquisa nacional por amostra de domicílios*: síntese de indicadores 2015. Rio de Janeiro: IBGE, 2016.

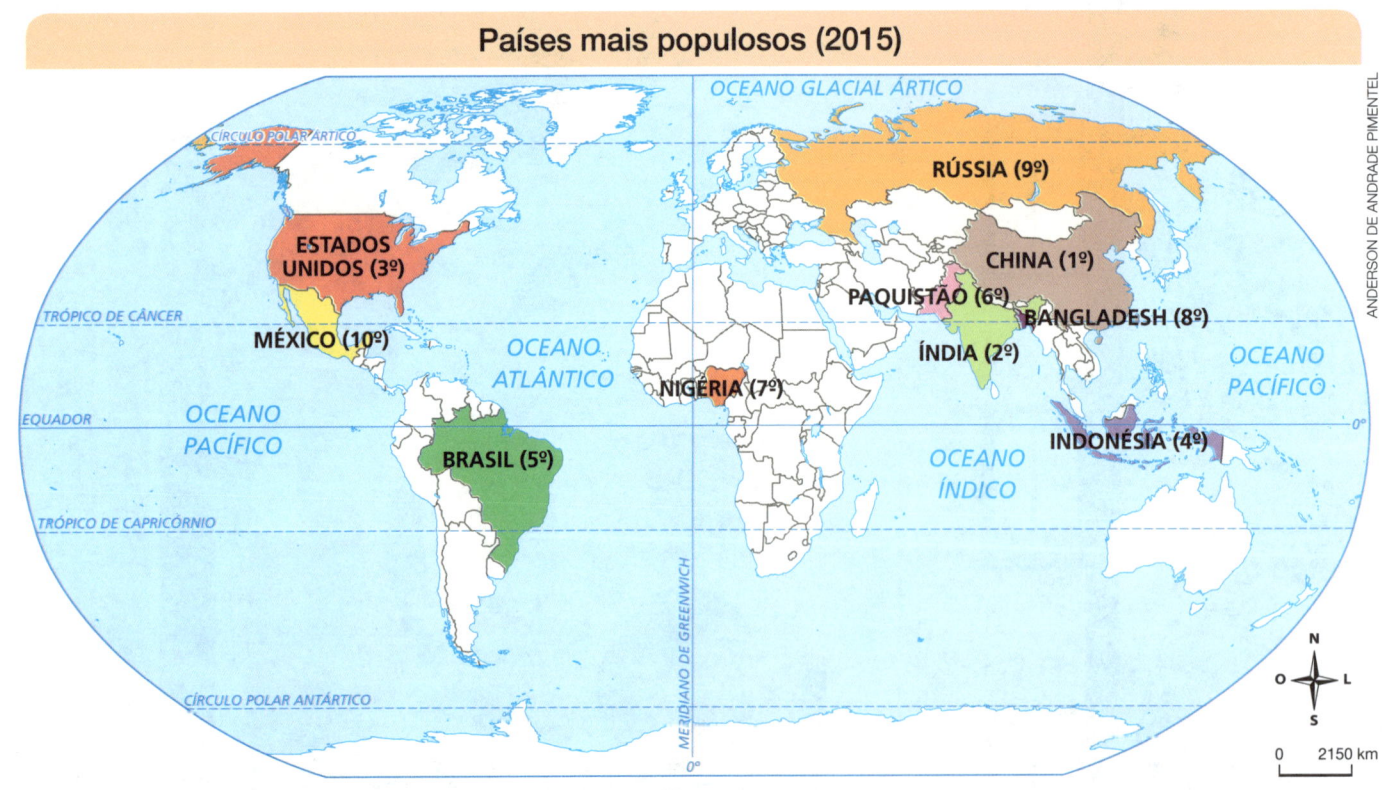

Países mais populosos (2015)

- RÚSSIA (9º)
- CHINA (1º)
- ESTADOS UNIDOS (3º)
- PAQUISTÃO (6º)
- BANGLADESH (8º)
- MÉXICO (10º)
- ÍNDIA (2º)
- NIGÉRIA (7º)
- INDONÉSIA (4º)
- BRASIL (5º)

Fonte: IBGE. *Atlas geográfico escolar*. 7. ed. Rio de Janeiro: IBGE, 2016.

1. De acordo com o gráfico, quais são os países mais populosos que o Brasil?

2. Em que continente se localiza a maior parte dos países mais populosos do mundo?

Quantos somos

A primeira contagem oficial da população brasileira foi realizada em 1872. De acordo com essa contagem, viviam no país cerca de 10 milhões de habitantes.

Em 2010, o censo demográfico realizado pelo IBGE registrou pouco menos de 191 milhões de habitantes.

Em 2015, pesquisas realizadas pelo IBGE indicaram uma população numerosa: aproximadamente 205 milhões de habitantes. Somos atualmente o quinto país mais populoso do mundo.

Observe, no gráfico abaixo, o aumento da população brasileira entre 1872 e 2015.

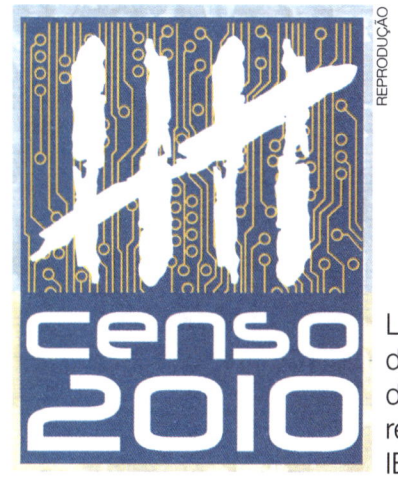

Logotipo do censo demográfico realizado pelo IBGE em 2010.

Censo demográfico: nome dado à contagem da população. No Brasil, o censo demográfico é realizado pelo IBGE, geralmente a cada 10 anos.

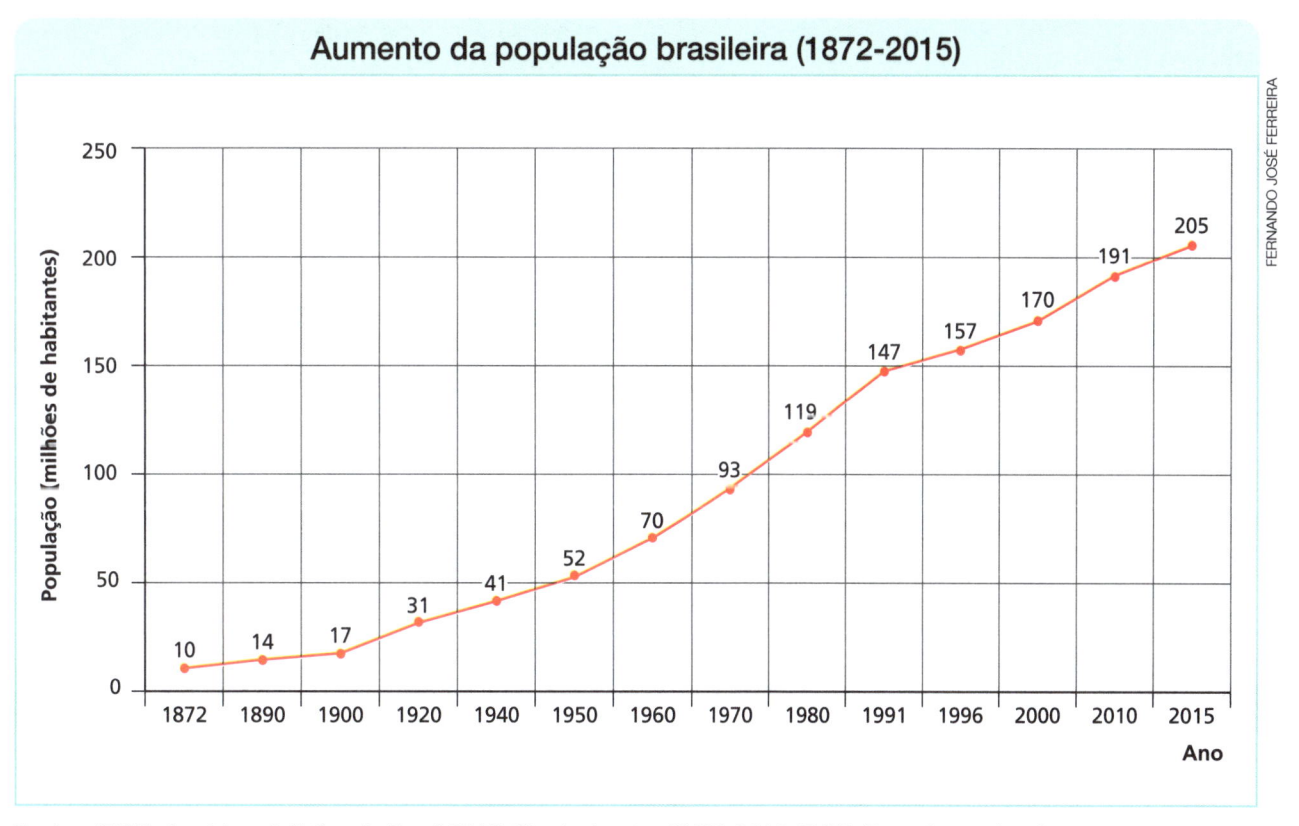

Aumento da população brasileira (1872-2015)

Ano	População (milhões de habitantes)
1872	10
1890	14
1900	17
1920	31
1940	41
1950	52
1960	70
1970	93
1980	119
1991	147
1996	157
2000	170
2010	191
2015	205

Fontes: IBGE. *Anuário estatístico do Brasil 2015*. Rio de Janeiro: IBGE, 2016; IBGE. *Pesquisa nacional por amostra de domicílios*: síntese de indicadores 2015. Rio de Janeiro: IBGE, 2016.

3 Em sua opinião, o que faz aumentar a população de um país?

A população brasileira é predominantemente urbana

Até a década de 1960, a maioria da população brasileira vivia em áreas rurais.

Com o desenvolvimento das indústrias na cidade, muitas pessoas deixaram o campo em busca de melhores condições de vida. Além disso, a mecanização da agricultura causou o desemprego de muitas pessoas no campo, que foram buscar, na cidade, novas oportunidades de trabalho.

A partir de 1970, a maior parte da população brasileira passou a viver em áreas urbanas.

Em 2015, uma pesquisa realizada pelo IBGE mostrou que, de cada 100 habitantes do país, 85 viviam em áreas urbanas e 15 viviam em áreas rurais.

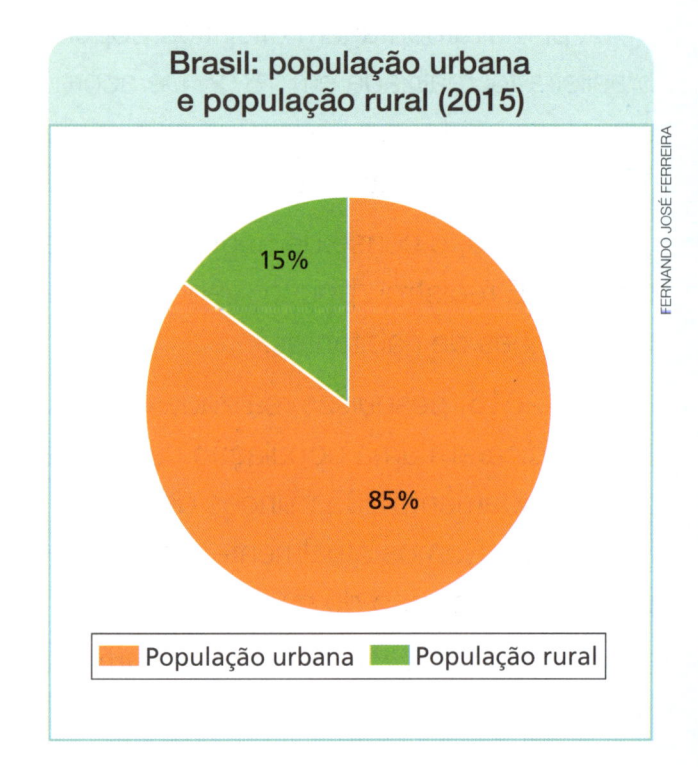

Brasil: população urbana e população rural (2015)

- População urbana: 85%
- População rural: 15%

Fonte: IBGE. *Síntese de indicadores sociais*: uma análise das condições de vida da população brasileira 2016. Rio de Janeiro: IBGE, 2016.

A população do Brasil distribui-se pelo território de forma irregular

O Brasil é um país bastante **populoso**, ou seja, tem um grande número de habitantes.

No entanto, nosso país não é **povoado** de maneira uniforme. Isso quer dizer que a população não se distribui de forma regular pelo território: algumas áreas têm elevada concentração populacional, enquanto outras apresentam baixa concentração.

A densidade demográfica brasileira

Quando dividimos o número de habitantes (população total) de um local pela área territorial (extensão territorial) desse local, o resultado é a **densidade demográfica**, ou seja, é o número de habitantes por quilômetro quadrado (hab./km^2). De acordo com o censo de 2010, a densidade demográfica do Brasil, nesse ano, era de 22 hab./km^2.

O mapa a seguir mostra a densidade demográfica do Brasil em 2010.

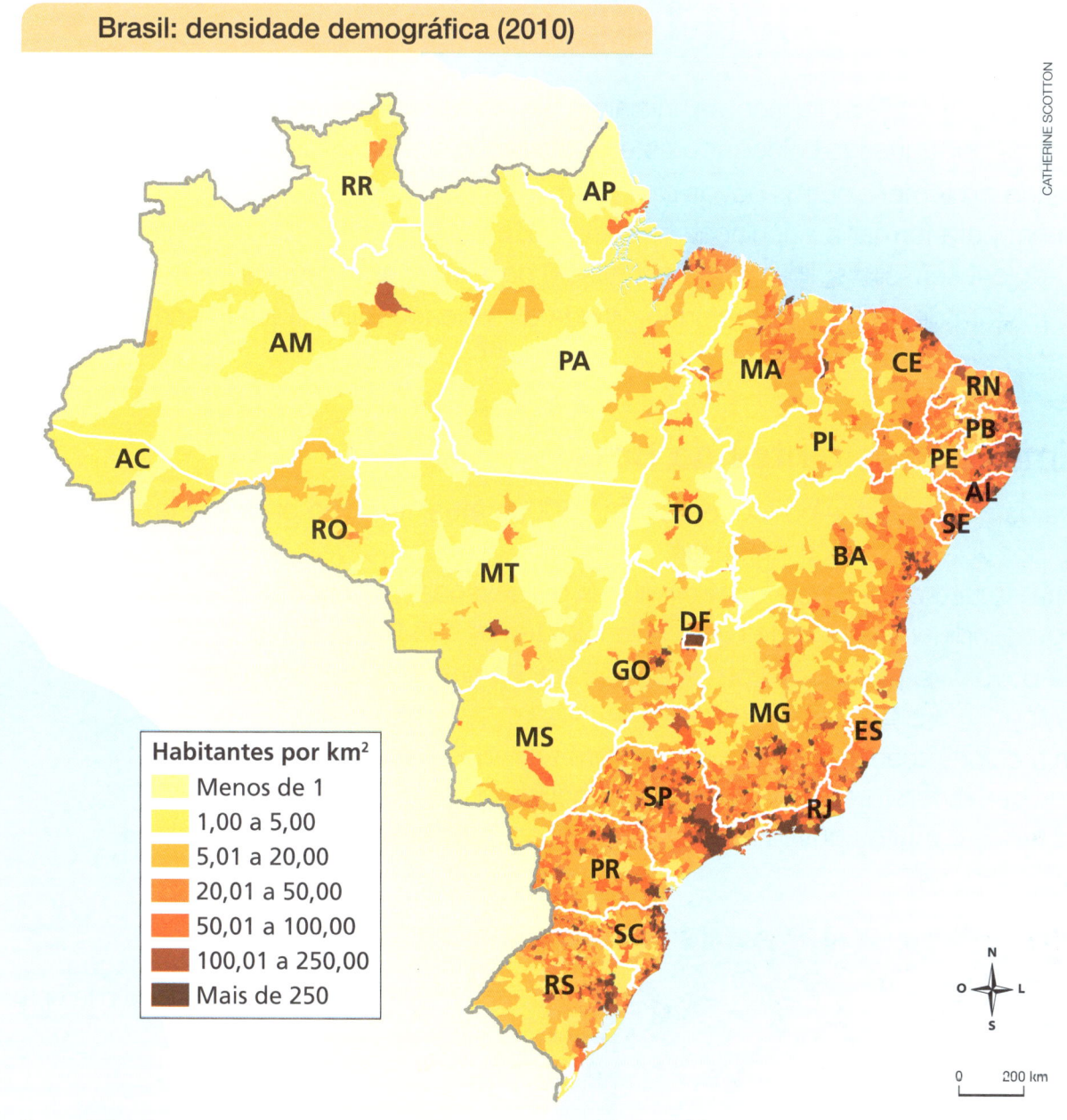

Brasil: densidade demográfica (2010)

Habitantes por km²
- Menos de 1
- 1,00 a 5,00
- 5,01 a 20,00
- 20,01 a 50,00
- 50,01 a 100,00
- 100,01 a 250,00
- Mais de 250

Fonte: IBGE. *Sinopse do censo demográfico 2010*. Rio de Janeiro: IBGE, 2011.

4 No mapa acima, qual é a cor que representa as áreas mais povoadas, isto é, com mais habitantes por quilômetro quadrado?

- E qual é a cor que representa as áreas menos povoadas?

5 Em quais áreas do país a densidade demográfica é maior? E em quais áreas a densidade é menor?

6 Na unidade federativa em que você vive, a população se distribui de maneira regular pelo território? Explique.

CAPÍTULO 2 - A formação da população brasileira: uma mistura de povos

A população brasileira formou-se, inicialmente, da miscigenação entre os indígenas, os portugueses colonizadores e os africanos trazidos como escravos.

Ao longo do tempo, outros povos chegaram ao nosso país e também contribuíram para formar a população brasileira: espanhóis, holandeses, alemães, italianos, poloneses, sírios, libaneses, japoneses, coreanos, entre outros.

Essa mistura de povos proporcionou grande diversidade cultural em nossa população.

Os primeiros habitantes do Brasil

Antes da chegada dos portugueses, em 1500, o atual território brasileiro era habitado por diversos povos indígenas.

Estima-se que entre dois e quatro milhões de pessoas, pertencentes a mais de mil povos indígenas diferentes, habitavam as terras que formariam o Brasil.

Cada povo vivia de acordo com sua organização social, suas tradições, crenças, línguas e seus costumes.

Com a colonização, terras indígenas foram tomadas pelos portugueses e muitos indígenas foram escravizados. Vários povos foram exterminados lutando por suas terras e muitos outros morreram em consequência de doenças trazidas pelos colonizadores.

Miscigenação: mistura de diferentes povos.

Encontro dos índios com viajantes europeus, cerca de 1835, litografia de Johann Moritz Rugendas.

A chegada dos africanos escravizados

Os africanos foram trazidos como escravos para o Brasil entre os séculos XVI e XIX.

Eles vinham de várias regiões da África e pertenciam a diversos grupos culturais. Por isso, traziam consigo diferentes hábitos e tradições.

Os africanos eram retirados à força dos locais em que viviam por traficantes de escravos. Viajavam nos porões de navios, em péssimas condições, até desembarcarem nas terras que formariam o Brasil, onde eram vendidos como mercadoria aos senhores de terra.

Os africanos escravizados trabalhavam no cultivo de cana-de-açúcar e na produção de açúcar, na extração de metais e de pedras preciosas, no cultivo do café e em serviços domésticos.

Lavagem do minério de ouro, proximidades da montanha Itacolomi, cerca de 1835, litografia de Johann Moritz Rugendas. Nessa obra, o artista retrata o trabalho de negros africanos escravizados na mineração.

Há vários grupos em todo o Brasil que atuam pela preservação e valorização da cultura de origem africana. Na foto, apresentação do grupo de tambor de crioula Companhia Mariocas, no município do Rio de Janeiro, em 2015.

A vinda dos imigrantes

Antes de conhecer um pouco sobre a chegada de imigrantes ao Brasil, vamos entender o significado de migrar.

Migrar é sair de um lugar para viver em outro. Muitas pessoas migram de uma cidade para outra, de um estado para outro ou de um país para outro.

A diferença entre emigrante e imigrante

O **lugar de origem** de uma pessoa é o lugar onde ela nasceu, ou seja, sua terra natal.

Quando uma pessoa sai de seu lugar de origem para viver em outro lugar, ela é chamada de **emigrante**. Quando uma pessoa entra em um lugar que não é o de sua origem, ela é chamada de **imigrante**.

Os imigrantes na formação da população brasileira

Os colonizadores portugueses foram os primeiros imigrantes em terras brasileiras. Depois deles, vieram muitos outros, de vários lugares do mundo.

Entre os grupos de imigrantes que vieram para o Brasil, em maior número, estão italianos, espanhóis, alemães e japoneses. A vinda desses imigrantes foi mais intensa no fim do século XIX e início do século XX.

Nesse período também vieram para o Brasil poloneses, sírios, libaneses, coreanos e chineses, entre outros grupos de imigrantes.

Imigrantes italianos no município de Caxias do Sul, estado do Rio Grande do Sul, em 1918.

Chegada de imigrantes japoneses ao porto de Santos, no estado de São Paulo, em 1934.

Foto da Hospedaria de Imigrantes, na cidade de São Paulo, em 1938. Ela foi construída para abrigar os imigrantes recém-chegados à cidade, em seus primeiros dias. Nela, os imigrantes faziam suas refeições, dormiam, tinham assistência médica e auxílio para conseguir emprego. Em 1978, a hospedaria recebeu o último grupo de imigrantes e, em 1998, foi transformada no Museu da Imigração, que mostra um pouco da história da imigração no Brasil.

1. Uma característica marcante da população brasileira se originou da miscigenação de povos e culturas. Que característica é essa?

2. Quem formava a população das terras que dariam origem ao Brasil antes da chegada dos colonizadores portugueses?

3. Você conhece alguém que emigrou? E alguém que imigrou? Conte aos colegas.

4. Na sua família há imigrantes? Se sim, qual é a origem deles?

95

O mundo que queremos

O depoimento a seguir é de Naya, uma menina imigrante. Ela veio do Quênia, um país da África. Leia para conhecer um pouco a vida dela no Brasil.

Minha vida no Brasil

Cheguei ao Brasil no ano passado. Meus pais vieram trabalhar e eu tive de acompanhá-los. Minha mãe me matriculou em uma escola para eu poder continuar os estudos. Está sendo difícil me adaptar; muitas vezes eu me sinto como um peixe fora d'água.

Eu ainda não entendo muito bem a língua portuguesa. Fico triste quando falo coisas erradas e alguns colegas caçoam de mim, dizendo que falo estranho. Mas outros colegas me ajudam ensinando a maneira certa de falar. Lá no meu país eu entendia tudo o que a professora falava e ia bem nas provas! Aqui, tenho muita dificuldade de aprender as lições.

Minha mãe faz meu lanche para eu levar à escola. É uma delícia! Mas a nossa comida é bem diferente da comida brasileira e meus colegas olham e não querem experimentar; perguntam como posso comer uma comida tão esquisita.

Aos poucos, estou aprendendo mais sobre o Brasil e seus costumes e espero que meus colegas também aprendam sobre o meu país. Afinal, as pessoas não são iguais.

Depoimento de Naya, uma imigrante no Brasil, especialmente para este livro.

1. Por que a menina veio para o Brasil?

_____
_____
_____

2. O que significa a expressão "se sentir como um peixe fora d'água"?

_____

_____

3. Por que alguns colegas da menina dizem que ela fala estranho? O que ela sente quando eles dizem isso?

_____

_____

4. Por que os colegas não querem experimentar o lanche da menina? Você experimentaria uma comida diferente daquela que costuma comer?

_____

_____

Vamos fazer

Você leu o depoimento de uma estudante estrangeira no Brasil. Viu como pode ser difícil se adaptar a outro país, ainda mais quando as diferenças culturais não são respeitadas.

Na sua escola existem estudantes estrangeiros? Se sua turma recebesse um aluno estrangeiro, como você acha que ele deveria ser tratado?

1. Conversem com alguns colegas sobre isso e pensem em atitudes que ajudariam esse aluno estrangeiro a se adaptar melhor à nova escola, sempre respeitando as diferenças culturais.

2. Façam um cartaz listando as maneiras que encontraram para ajudar esse aluno. Vocês podem desenhar ou colar imagens de jornais e de revistas para ilustrar o cartaz.

97

Capítulo 3 — Os indígenas brasileiros na atualidade

O aumento da população indígena brasileira

Sabe-se que, entre o ano de 1500 e a década de 1970, a população indígena brasileira diminuiu de forma acentuada. Nesse período, muitos povos desapareceram por causa de doenças trazidas pelos não indígenas e nos combates contra a escravidão. Além disso, vários povos foram expulsos de suas terras.

Mas, da década de 1980 em diante, observa-se um sinal de mudança relacionado a realidade.

A partir de 1991, o IBGE passou a incluir os indígenas no censo demográfico nacional. Isso possibilitou conhecer a evolução da população indígena brasileira. Observe, na tabela ao lado, que a população indígena do Brasil vem aumentando.

Entre os fatores que contribuíram para esse aumento, destaca-se a melhoria no serviço de atendimento médico aos indígenas, que ajudou a diminuir a mortalidade entre esses povos.

Brasil: população indígena	
Ano	Número de pessoas
1991	294.131
2000	734.127
2010	817.963

Fonte: IBGE. *Censo demográfico 2010*: características gerais dos indígenas: resultados do universo. Rio de Janeiro: IBGE, 2012.

Indígenas Kayapó no município de São Félix do Xingu, estado do Pará, em 2016.

As terras indígenas

Atualmente, a maior parte dos povos indígenas vive em **terras indígenas**, que correspondem às áreas por eles habitadas, de acordo com seu modo de vida e seus costumes. Outros povos vivem em cidades.

Nas terras indígenas, os povos indígenas desenvolvem suas atividades e, ao mesmo tempo, garantem a preservação dos recursos naturais necessários à sua sobrevivência.

A demarcação de terras indígenas

A demarcação de terras habitadas pelos indígenas é o reconhecimento oficial do governo de que a posse e o uso dessas terras são exclusivos dos indígenas e de seus descendentes.

Mas nem todas as terras habitadas pela população indígena estão demarcadas.

Essa situação representa um risco à sobrevivência dos indígenas, que podem ver suas terras invadidas por grupos não indígenas. Além disso, a demarcação das terras é uma maneira de proteger os indígenas e o modo de vida deles.

Indígenas Kayapó e Pataxó protestam contra as mudanças na lei que define a demarcação de suas terras, em Brasília, Distrito Federal, em 2015.

Vista de aldeia indígena Kayapó no município de São Félix do Xingu, estado do Pará, em 2016.

1 O mapa a seguir mostra a localização de terras indígenas no Brasil, em 2015. Observe-o para responder às questões.

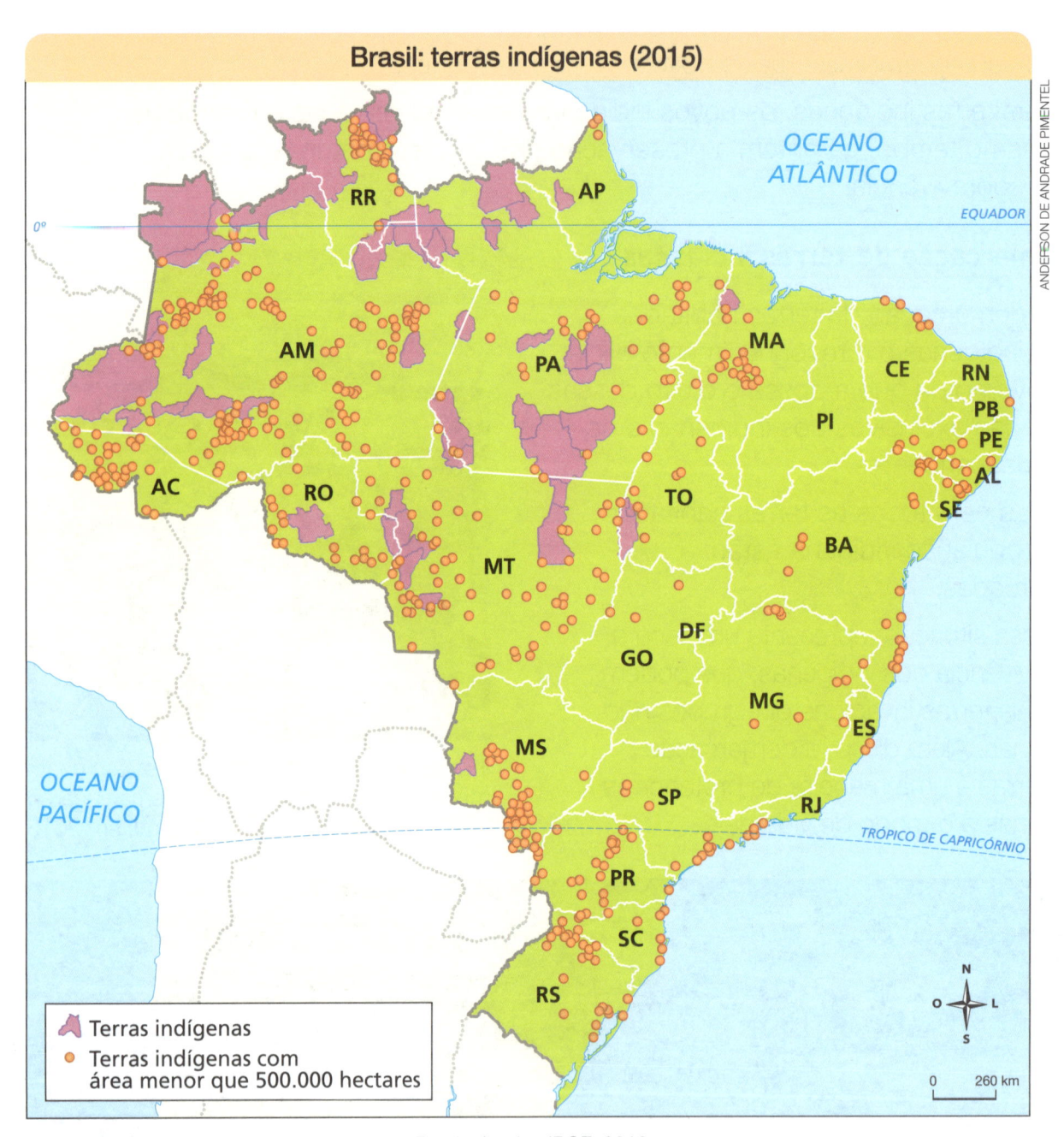

Brasil: terras indígenas (2015)

Legenda:
- Terras indígenas
- Terras indígenas com área menor que 500.000 hectares

Fonte: IBGE. *Atlas geográfico escolar*. 7. ed. Rio de Janeiro: IBGE, 2016.

a) Em qual região brasileira há maior concentração de terras indígenas?
_____
_____

b) Em sua opinião, por que a maior parte das terras indígenas está localizada nessa região?

A invasão de terras indígenas

Nos dias atuais, os indígenas têm enfrentado diversos problemas.

As invasões de suas terras e os conflitos pela posse delas são exemplos de problemas que ameaçam o modo de vida e a sobrevivência dos povos indígenas.

Com o objetivo de explorar economicamente as terras indígenas e expandir os negócios, grandes empresas agropecuárias, mineradoras e madeireiras sobrepõem seus interesses às necessidades dos indígenas, para quem a terra representa a manutenção de seu modo de vida e sua sobrevivência.

Combater essas invasões e proteger as terras indígenas, garantindo a preservação dos recursos ambientais necessários à sobrevivência dos povos indígenas, é responsabilidade do governo. A demarcação das terras representa apenas um passo para isso.

Vista de um garimpo ilegal na Terra Indígena Munduruku, no município de Jacareacanga, estado do Pará, em 2017.

2 Em sua opinião, por que é necessário demarcar as terras habitadas pelos indígenas?

3 Converse com um colega sobre os motivos que levam à invasão de terras indígenas. Na opinião de vocês, de que maneira esse problema poderia ser resolvido?

Antes de expressarem suas opiniões, na atividade 3, **organizem os pensamentos e falem com clareza**. Assim, todos entenderão as ideias de vocês. Seus colegas também vão expressar as opiniões deles; **ouçam com atenção e respeito**!

CAPÍTULO 4 — Os afrodescendentes na atualidade

Afrodescendentes são as pessoas que descendem de africanos que foram trazidos para o Brasil na condição de escravos.

Nas pesquisas realizadas pelo IBGE, os afrodescendentes fazem parte da população negra do Brasil, que corresponde às pessoas que se declaram de cor ou raça preta ou parda.

Em 2015, dados do IBGE mostraram que aproximadamente 54% da população do país era composta de negros ou pardos.

Os afrodescendentes e as desigualdades sociais

Após o fim da escravidão, em 1888, as condições sociais e econômicas dos escravos libertos e de seus descendentes continuaram precárias. Somente nas últimas décadas é que essas condições melhoraram para os afrodescendentes.

No entanto, a discriminação e as desigualdades ainda atingem essa parcela da população das mais variadas formas, do acesso à moradia e à educação até a renda salarial.

Observe, no gráfico a seguir, um exemplo dessa desigualdade.

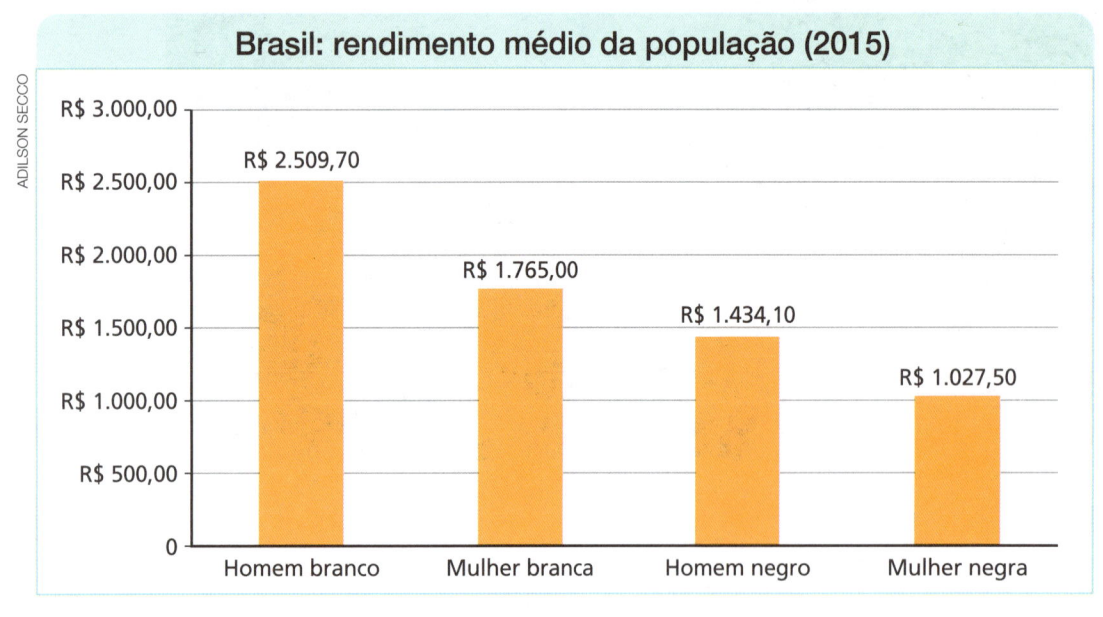

Brasil: rendimento médio da população (2015)

- Homem branco: R$ 2.509,70
- Mulher branca: R$ 1.765,00
- Homem negro: R$ 1.434,10
- Mulher negra: R$ 1.027,50

Os valores correspondentes à população negra referem-se ao rendimento médio de pretos e pardos.

Fonte: Ipea. *Retrato das desigualdades de gênero e raça.* Disponível em: <http://mod.lk/ipeadr>. Acesso em: 27 mar. 2018.

1 Com base no gráfico acima, responda.

a) Em média, qual grupo da população brasileira recebe os maiores rendimentos: brancos ou negros?

b) Que outra desigualdade é possível constatar pelos dados apresentados no gráfico?

As comunidades quilombolas

A escravidão durou pouco mais de 300 anos no Brasil. Durante esse período e, até mesmo depois dele, formaram-se vários quilombos.

Os **quilombos** constituíam núcleos de resistência à escravidão e à exploração do trabalho impostas pelo sistema colonial. Esses núcleos, ou comunidades, agrupavam africanos escravizados que fugiam da escravidão, africanos escravizados libertos, indígenas e brancos pobres.

Os quilombos tinham uma organização social, política, econômica e cultural própria, que refletia seus valores, costumes e tradições.

Ao longo da história, muitos quilombos foram destruídos.

Hoje em dia, existem diversas comunidades remanescentes de quilombos reconhecidas no Brasil. Mas há outras que ainda lutam pelo reconhecimento e manutenção de sua história e de seus direitos.

Quilombo de Ivaporunduva, município de Eldorado, estado de São Paulo, em 2016.

2 Observe o mapa a seguir e responda.

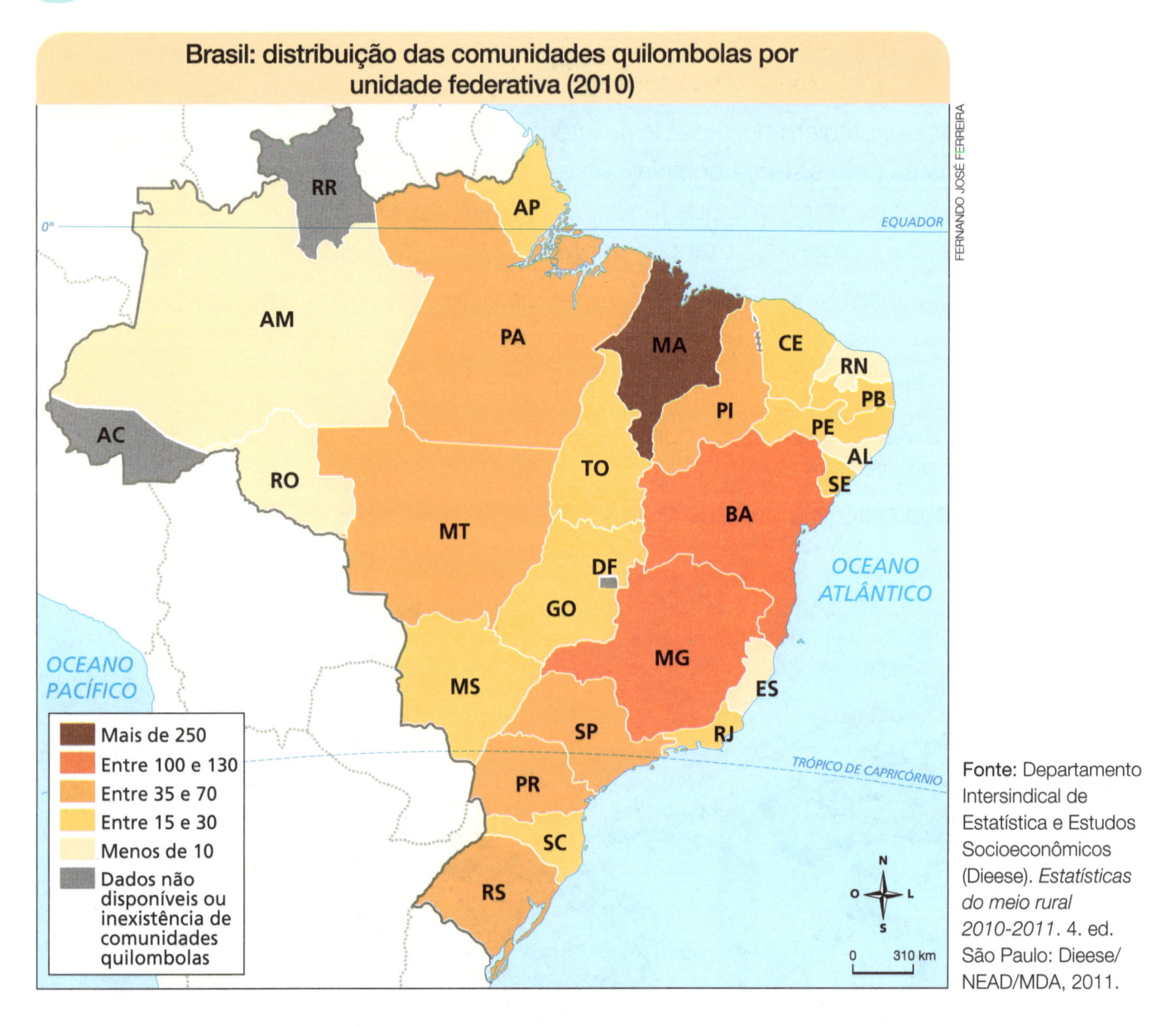

Brasil: distribuição das comunidades quilombolas por unidade federativa (2010)

Legenda:
- Mais de 250
- Entre 100 e 130
- Entre 35 e 70
- Entre 15 e 30
- Menos de 10
- Dados não disponíveis ou inexistência de comunidades quilombolas

Fonte: Departamento Intersindical de Estatística e Estudos Socioeconômicos (Dieese). *Estatísticas do meio rural 2010-2011*. 4. ed. São Paulo: Dieese/NEAD/MDA, 2011.

a) O que o mapa mostra? Como você sabe?

_____

_____

b) Quais são as unidades federativas que apresentam a maior quantidade de comunidades quilombolas? E quais apresentam a menor quantidade?

_____

_____

c) Na unidade federativa em que você mora, existem comunidades quilombolas? Se sim, corresponde a qual quantidade representada no mapa?

_____

CAPÍTULO 5

A diversidade cultural brasileira

Mistura de povos: diversidade de culturas

O Brasil é um país de grande diversidade étnica e cultural, herança da miscigenação dos povos que contribuíram para a formação da população brasileira: indígenas, africanos e imigrantes.

Essa diversidade pode ser notada nas características físicas de nossa população e em seus hábitos e tradições, como as festas populares, as danças, os ritmos musicais e a culinária.

A própria língua falada no Brasil revela a mistura de culturas do povo brasileiro. Nossa língua foi herdada dos colonizadores portugueses, mas utilizamos muitas palavras que têm origem na língua de outros povos. As palavras angu, cochilo, quiabo e marimbondo têm origem africana. Já as palavras jacaré, abacaxi e mandioca são de origem indígena.

A feijoada é um dos pratos típicos mais conhecidos da culinária brasileira.

O carnaval foi trazido para o Brasil pelos portugueses e logo se tornou popular no país. Na foto, desfile de escola de samba no Rio de Janeiro, em 2015.

A influência indígena é marcante na cultura brasileira

Os diversos grupos indígenas que compõem a população brasileira têm características próprias quanto ao modo de morar e viver, à organização social e às manifestações artísticas. A cultura brasileira também reflete essa diversidade.

Muitas lendas e mitos do folclore brasileiro têm origem nas culturas indígenas.

Outros exemplos da influência indígena na cultura brasileira são os conhecimentos sobre o uso de ervas medicinais, de técnicas de agricultura e de extração de recursos da natureza, e a arte em cerâmica.

Na culinária, a influência indígena também é marcante. O milho e a mandioca, por exemplo, que são ingredientes importantes na alimentação dos povos indígenas, compõem diversos pratos consumidos em todas as regiões do país.

Dormir ou descansar em redes também é um hábito herdado dos indígenas, assim como tomar banho diariamente.

Peças de cerâmica produzidas por indígenas do povo Kadiwéu, no município de Porto Murtinho, estado de Mato Grosso do Sul. Foto de 2015.

A tapioca, de origem indígena, é muito apreciada em todo o Brasil. A massa da tapioca é feita de goma de mandioca e pode ser recheada com diversos ingredientes, doces ou salgados.

Mulheres indígenas Waurá descascam mandioca. Município de Gaúcha do Norte, estado de Mato Grosso, em 2016.

A influência africana na formação da cultura brasileira

Mesmo vivendo escravizados, os africanos mantiveram alguns hábitos e tradições de seus lugares de origem. Isso influenciou a formação da cultura brasileira.

É possível identificar contribuições dos povos africanos na língua, na culinária, na música, na religião e em muitas outras manifestações culturais.

Ritmos musicais como o samba, o maracatu, o coco, o batuque e a capoeira são alguns exemplos da influência artística dos povos africanos.

Pratos como vatapá e acarajé e o hábito de consumir azeite de dendê são alguns exemplos da influência africana na culinária brasileira.

O dendezeiro é uma palmeira originária da África. Dos frutos dessa palmeira se extrai o óleo ou azeite de dendê, muito utilizado na culinária nordestina, principalmente na baiana. Relatos contam que o azeite de dendê foi trazido da África no período do tráfico negreiro.

O acarajé, bolinho de feijão frito em azeite de dendê, é uma herança da cultura africana.

Azeite de dendê.

Frutos de dendê.

Roda de capoeira no município de Ruy Barbosa, estado da Bahia, em 2014. A capoeira é ao mesmo tempo dança, luta e jogo, praticada ao som de instrumentos musicais, como o berimbau e o pandeiro, que marcam seu ritmo.

Os imigrantes também influenciaram a cultura brasileira

Atividade interativa
Brasil: população e cultura

Portugueses, italianos, espanhóis, sírios, libaneses, japoneses e outros imigrantes que vieram para o Brasil também deixaram traços de sua cultura na língua, na alimentação, nas festas e tradições e em muitas outras características culturais do nosso país.

As festas juninas e o carnaval foram trazidos pelos colonizadores portugueses. Deles também herdamos a língua falada em nosso país.

As massas, como a macarronada e a lasanha, foram trazidas pelos italianos. O quibe e a esfirra, pelos árabes. O *sushi* e o *sashimi* foram trazidos pelos japoneses. A *paella*, pelos espanhóis... Ufa! A lista é grande!

A macarronada e outras massas ao molho de tomate são pratos muito consumidos no Brasil e têm sua origem na Itália.

Pratos árabes, como o quibe e a esfirra, são muito apreciados no Brasil.

Sushis (bolinhos de arroz envolvidos em folhas de alga) e *sashimis* (fatias finas de carne crua de peixes) são pratos da culinária japonesa.

Crianças brincam de roda. As cantigas de roda são herança dos portugueses.

1 Entre os seus hábitos alimentares e os de seus familiares, há pratos de origem indígena, africana ou de outros povos? Converse com o professor e os colegas sobre esse assunto.

2 Pesquise em revistas, jornais e na internet a origem e outras informações da principal festa popular e de um prato típico do lugar onde você vive. Organize suas descobertas nos quadros a seguir.

Festa popular	Origem	Como é a festa

- Cole aqui uma foto mostrando a festa popular. Se quiser, desenhe. Escreva uma legenda com informações sobre a festa.

Prato típico	Origem	Ingredientes

- Cole aqui uma foto desse prato típico. Se quiser, desenhe. Escreva uma legenda para a imagem.

Para ler e escrever melhor

O texto que você vai ler mostra uma **sequência** de fatos sobre a história de um alimento.

A história da *pizza*

Cerca de **6 mil anos atrás**, o que conhecemos hoje como *pizza* era apenas uma fina massa feita com farinha de trigo e água. Essa massa era consumida pelos hebreus e egípcios e era chamada *piscea*, de onde veio o nome *pizza*.

Quase **mil anos atrás**, a *piscea* chegou à Itália, onde passou a ser preparada com queijo e temperos. Os italianos a comiam dobrada ao meio, como um sanduíche.

Cerca de **500 anos atrás**, os italianos acrescentaram tomate à receita da *piscea*, que ficou mais parecida com a *pizza* que conhecemos hoje.

Atualmente, diversos ingredientes podem compor a receita da *pizza*. É possível saborear *pizza* de carne-seca, de frango, de hortaliças, de frutas e até de sorvete.

A *pizza margherita*, feita com tomate, queijo e manjericão, é considerada a *pizza* mais tradicional na Itália.

1 O texto conta a história de qual alimento?

_____

2 Quais expressões do texto indicam a passagem do tempo?

_____

_____

3 Numere os quadros ordenando os fatos sobre a história da *pizza*.

- ☐ Invenção da massa conhecida como *piscea*.
- ☐ Diversos ingredientes passam a compor a receita da *pizza*.
- ☐ Acréscimo de tomate à receita da *piscea*.
- ☐ Acréscimo de queijo e temperos à *piscea*.

4 Complete as frases do esquema de acordo com o texto.

A história da pizza

| 6 mil anos atrás | A *pizza* era uma massa fina feita com farinha de trigo e água chamada _____. |

| Mil anos atrás | Essa massa chegou à Itália, onde passou a ser preparada com _____ e temperos. |

| 500 anos atrás | Os italianos acrescentaram _____ à *piscea*, tornando-a mais parecida com a _____ de hoje. |

| Atualmente | A *pizza* pode ser preparada com diversos _____. |

5 Escreva um texto contando a história da feijoada. Siga estas orientações.

a) Pesquise como a feijoada é preparada, atualmente, no lugar onde você mora.

b) Complete o esquema abaixo com as informações de sua pesquisa.

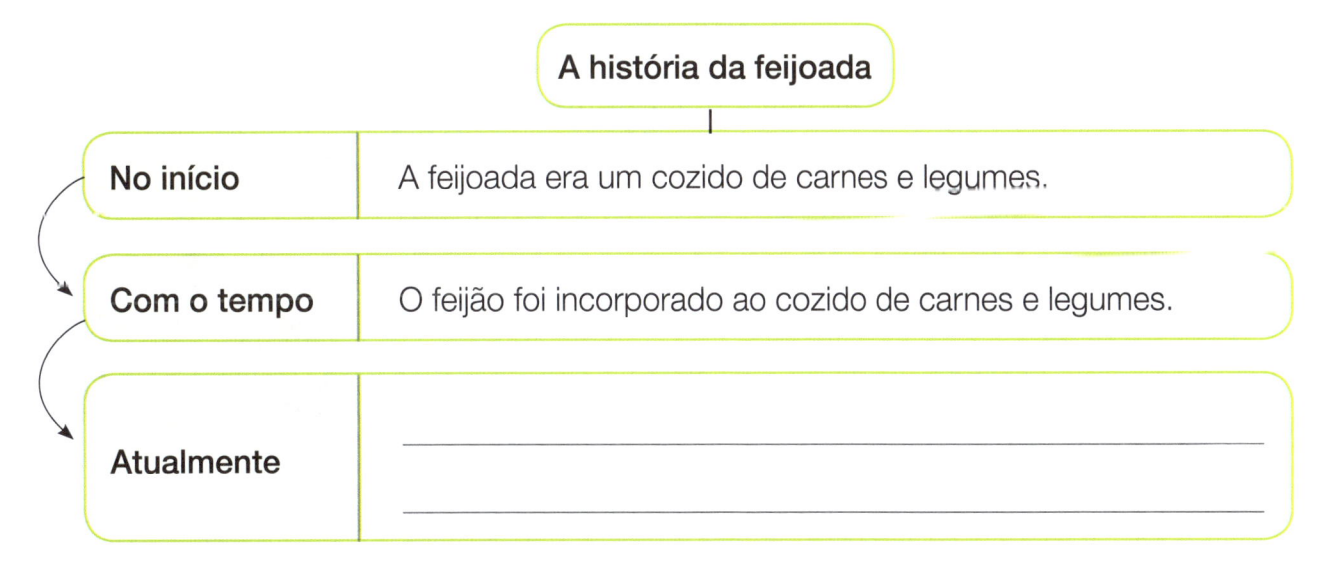

A história da feijoada

| No início | A feijoada era um cozido de carnes e legumes. |

| Com o tempo | O feijão foi incorporado ao cozido de carnes e legumes. |

| Atualmente | _____ _____ |

c) Escreva seu texto com base nas informações do esquema.

d) Procure utilizar outras expressões que indiquem a passagem do tempo. Por exemplo: inicialmente, antigamente, ao longo do tempo, nos dias atuais, hoje etc. Lembre-se de dar um título ao seu texto.

O que você aprendeu

Atividade interativa
Cruzadinha da população brasileira

1 Observe a tabela e responda.

Brasil: população urbana e rural (1950-2015)

	1950	1960	1970	1980	1991	2000	2010	2015
População urbana	36%	45%	56%	68%	75%	81%	84%	85%
População rural	64%	55%	44%	32%	25%	19%	16%	15%

Fontes: IBGE. *Anuário estatístico do Brasil 2015*. Rio de Janeiro: IBGE, 2016; IBGE. *Síntese de indicadores sociais*: uma análise das condições de vida da população brasileira 2016. Rio de Janeiro: IBGE, 2016.

a) Em 1950 a maior parte da população era urbana ou rural?

_____

b) Quando isso mudou? Por que mudou?

_____
_____
_____

2 Você faz parte da população rural ou da população urbana? Explique.

_____
_____

3 Seu José de Almeida está saindo de Portugal. Ele vai morar no Brasil com as duas filhas, Ana e Luzia.

a) A família Almeida está imigrando ou emigrando de Portugal para o Brasil?

_____

b) Quando chegarem ao Brasil, eles serão considerados emigrantes ou imigrantes?

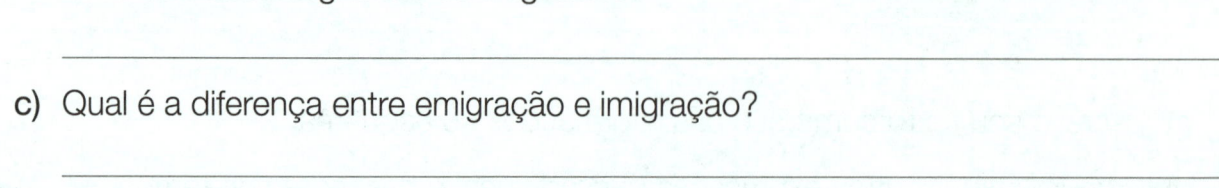

_____

c) Qual é a diferença entre emigração e imigração?

_____
_____
_____

4 Como se calcula a densidade demográfica de um local?

___

5 Leia as informações sobre os estados do Amazonas e de Alagoas.

Amazonas	Alagoas
População total: 3.889.000 habitantes	**População total:** 3.326.000 habitantes
Extensão territorial: 1.559.148 km²	**Extensão territorial:** 27.848 km²
Densidade demográfica: 2 hab./km²	**Densidade demográfica:** 119 hab./km²

Fontes: IBGE. *Anuário estatístico do Brasil 2015*. Rio de Janeiro: IBGE, 2016; IBGE. *Pesquisa nacional por amostra de domicílios*: 2014: Brasil, grandes regiões, unidades da federação e regiões metropolitanas: síntese de indicadores 2013-2014: Brasil, grandes regiões e unidades da federação (cd).

a) Qual dos dois estados tem a maior densidade demográfica?

___

b) Amazonas e Alagoas têm aproximadamente o mesmo número de habitantes. Explique por que a densidade demográfica de um estado é maior que a do outro.

___

6 Que povos contribuíram para a formação da população brasileira?

_____
_____
_____

- Em sua família, as pessoas são descendentes de alguns desses povos? Se sim, de quais?

_____
_____
_____

7 No município onde você vive existe alguma terra indígena? E comunidade quilombola? Se sim, qual é a denominação que elas recebem?

_____
_____
_____
_____

8 Complete a cruzadinha.

1. Povos que habitavam o território brasileiro antes da chegada dos colonizadores.
2. Os primeiros imigrantes a chegar ao Brasil.
3. Povos que, durante a colonização, foram trazidos para o Brasil na condição de escravos.
4. Imigrantes que vieram ao Brasil depois dos europeus. Entre esses imigrantes estão japoneses, sírios e libaneses.

B
R
③ _ _ _ _ _ A _ _ _
S
④ _ _ _ I _ _ _ _ _
L
① _ _ _ _ _ E _ _
I
R
② _ _ _ O _ _ _
S

9 Leia o texto do quadro e responda.

> O Brasil é um país caracterizado pela diversidade.
> Essa diversidade marca a população e a cultura que aqui se formaram.

a) Do que resulta a diversidade da população brasileira?

_____
_____
_____
_____

b) A cultura brasileira é muito rica. Explique.

_____
_____
_____
_____

10 Observe as fotos. Elas mostram alguns aspectos da cultura brasileira.

1 Pessoas dançando em festa junina no município de Bueno Brandão, estado de Minas Gerais, em 2016.

2 Pessoas descansando em rede no município de Santa Rita de Jacutinga, estado de Minas Gerais, em 2016.

- Qual povo contribuiu para o aspecto cultural mostrado em cada foto?

_____
_____
_____
_____

UNIDADE 4 — População e trabalho

1. Agricultores no município de Nova Pádua, estado do Rio Grande do Sul, em 2015.

2. Interior de loja de automóveis no município do Rio de Janeiro, estado do Rio de Janeiro, em 2014.

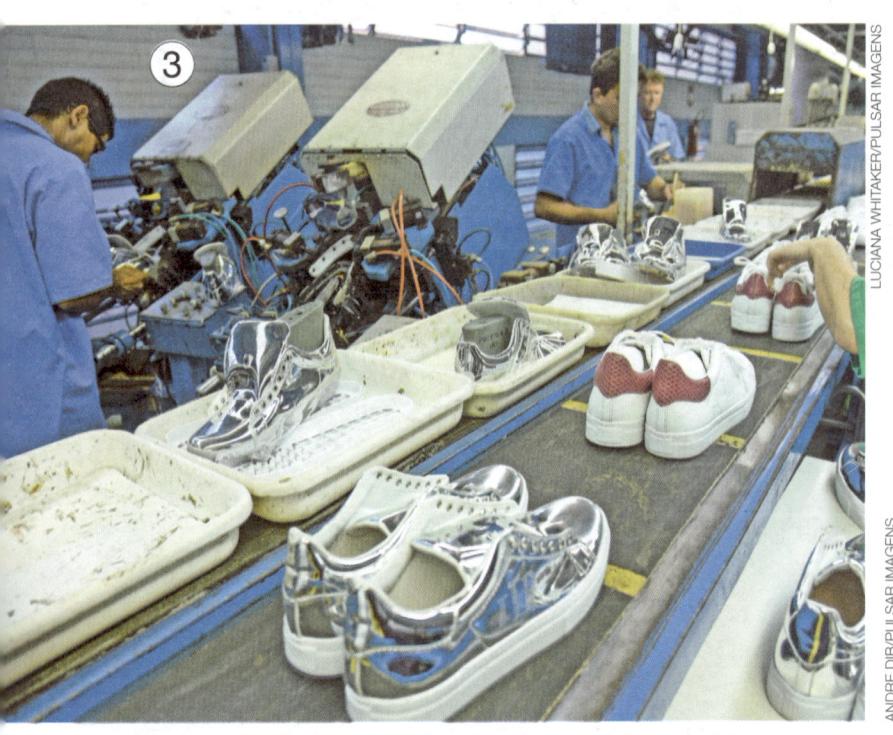

3. Interior de fábrica de calçados no município de Novo Hamburgo, estado do Rio Grande do Sul, em 2016.

4. Comitiva de gado no município de Poconé, estado de Mato Grosso, em 2017.

⑤ Prédio em construção no município de São Paulo, estado de São Paulo, em 2016.

⑥ Sala de aula em escola pública no município de Rurópolis, estado do Pará, em 2017.

Vamos conversar

1. Identifique as atividades de trabalho mostradas em cada foto.
2. Quais dessas atividades se concentram no campo? E quais se concentram na cidade?
3. Algum de seus familiares trabalha em uma dessas atividades?

CAPÍTULO 1 — A população e as atividades econômicas

As atividades econômicas

Todos nós necessitamos de diferentes produtos e serviços no dia a dia.

Consumimos alimentos frescos e industrializados, usamos calçados e roupas, vamos à escola, nos deslocamos de um lugar para outro e muito mais.

Plantar e colher alimentos, extrair minérios, criar animais, fabricar mercadorias e vendê-las, transportar passageiros e mercadorias de um local a outro são exemplos de atividades econômicas importantes e necessárias às pessoas. Essas atividades são classificadas em três setores: primário, secundário e terciário.

Setor primário

O **setor primário** engloba as atividades agropecuárias (agricultura e pecuária) e as atividades extrativas.

Atualmente, em várias partes do Brasil, o trabalho nas atividades do setor primário é realizado com o uso de equipamentos modernos. Por isso, esse setor emprega poucos trabalhadores.

Plantio mecanizado em fazenda no município de Mirassol, estado de São Paulo, em 2016.

Setor secundário

O **setor secundário** engloba as atividades de produção industrial (indústria) e de construção.

Inicialmente, as indústrias empregavam muitos operários, pois as máquinas antigas necessitavam de várias pessoas para operá-las.

Com o aperfeiçoamento das máquinas e a introdução de computadores e de robôs na produção, as indústrias passaram a fabricar mais produtos em menos tempo. Em contrapartida, essa modernização provocou o desemprego de muitos operários.

Robôs substituem operários em fábrica de automóveis no município de São José dos Pinhais, estado do Paraná, em 2016.

Setor terciário

O **setor terciário** engloba as atividades de comércio e de serviços. Atualmente, é o setor que emprega maior número de trabalhadores no Brasil.

Com o aumento da população urbana, as atividades de comércio e de serviços tiveram de se ampliar para atender às necessidades das pessoas.

Atendentes de *telemarketing* no município do Rio de Janeiro, estado do Rio de Janeiro, em 2017.

1 Atividades de qual setor se concentram no campo?

2 Quais atividades se concentram na cidade?

A distribuição dos trabalhadores nos setores econômicos

Há cerca de 50 anos, a maioria dos brasileiros morava nas áreas rurais e trabalhava em atividades do setor primário.

Em 2015, de acordo com o Instituto Brasileiro de Geografia e Estatística (IBGE), 85% da população brasileira vivia nas áreas urbanas.

3 Observe o gráfico abaixo e responda às questões.

Brasil: distribuição dos trabalhadores, de acordo com as atividades econômicas (2015)

- Serviços: 46%
- Indústria: 22%
- Comércio: 18%
- Agropecuária: 14%

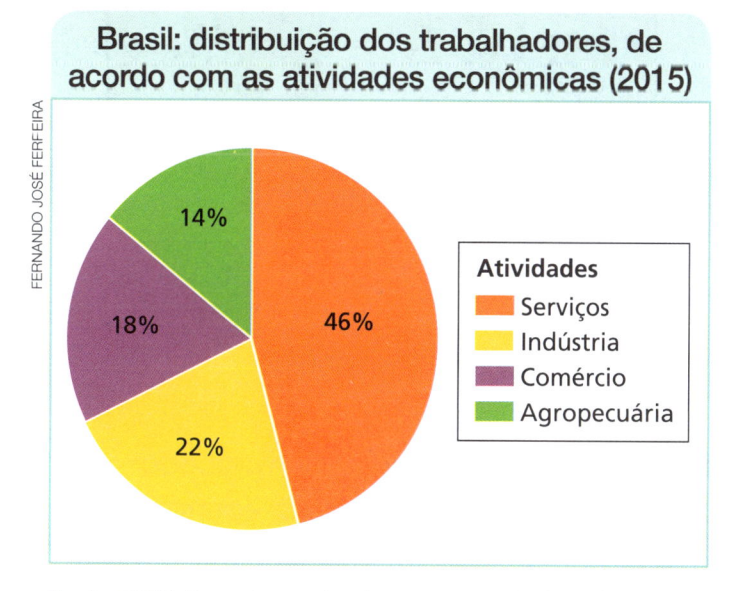

Fonte: IBGE. *Pesquisa nacional por amostra de domicílios*: síntese de indicadores 2015. Rio de Janeiro: IBGE, 2016.

a) O que o gráfico mostra? Como você sabe?

b) A maior parte dos trabalhadores atua em que atividade? E a menor parte?

c) Em que setor econômico se concentra a maior parte dos trabalhadores? E a menor parte?

d) Como você explicaria essa concentração?

e) Esse gráfico foi feito com base em informações fornecidas em qual documento? Quem é o autor desse documento?

A integração entre os setores econômicos

Agora que você conhece os três setores de atividades econômicas, é possível identificar, por exemplo, o setor em que foram produzidas as mercadorias à venda em um supermercado.

Para que esses produtos chegassem até você, foram necessárias atividades realizadas pelos três setores. Por isso, dizemos que há uma **integração** entre os setores econômicos, isto é, um depende do outro.

Veja, no esquema ao lado, o exemplo do café. Para que o café chegue à nossa casa são necessárias diversas atividades: o agricultor planta as sementes e colhe o café; depois, o café é transportado até a indústria, onde é torrado, moído e empacotado; em seguida, o café é transportado até o supermercado para, finalmente, ser vendido aos consumidores.

Cada uma dessas etapas envolve atividades de um setor da economia.

4 Identifique o setor envolvido em cada etapa mostrada no esquema.

_____

_____

_____

5 Liste cinco produtos que você e sua família compram no supermercado e que dependem de atividades realizadas pelos três setores da economia.

_____

_____

CAPÍTULO 2

As atividades agropecuárias

Você sabe qual é o prato típico brasileiro?

No Brasil, as refeições diárias variam de acordo com o lugar e com os hábitos alimentares das pessoas.

O feijão com arroz é um prato típico brasileiro. Com eles, geralmente são servidas carne e salada.

Feijão, arroz, alface e tomate são alimentos produzidos pela agricultura. A carne é produzida pela pecuária. Geralmente, esses alimentos são vendidos em feiras e mercados. Mas nem sempre foi assim.

Arroz, feijão, bife e salada: o prato típico brasileiro.

Antigamente, as pessoas não cultivavam a terra nem criavam animais para produzir seus alimentos. Elas coletavam frutos e raízes e praticavam a caça.

Nessa época, os grupos humanos eram **nômades**, isto é, as pessoas não moravam em um local fixo. Elas estavam sempre mudando de um lugar para outro em busca de alimentos.

Ao aprender a cultivar a terra e a domesticar e criar animais para assegurar sua sobrevivência, os seres humanos fixaram moradia e tornaram-se **sedentários**. As pessoas não precisavam mais ficar mudando de um lugar para outro à procura de alimentos.

Plantação de milho no município de Cristalina, estado de Goiás, em 2016.

A atividade agrícola

Agricultura é a atividade de cultivar a terra.

A agricultura fornece alimentos para o consumo das pessoas e matéria-prima para as indústrias.

Preparar e semear a terra são as primeiras etapas da atividade agrícola. Depois, no tempo certo, é feita a colheita do que foi plantado.

Algumas condições contribuem para o desenvolvimento da atividade agrícola: solos férteis, terrenos planos e existência de água.

Os solos devem ter quantidade adequada de nutrientes, que ajudam no desenvolvimento das plantas.

Quando têm pouca fertilidade, os solos precisam de adubos e de fertilizantes.

Os terrenos planos são os mais favoráveis à agricultura, pois facilitam o cultivo. Neles, é possível usar máquinas e tratores.

Terrenos montanhosos ou inclinados dificultam a prática agrícola e é necessário utilizar técnicas especiais como fazer terraços ou degraus para plantar ou ainda plantar seguindo as curvas do terreno. O uso dessas técnicas evita que as enxurradas destruam o solo.

1. Preparar a terra.

2. Semear a terra.

3. Colher o que foi produzido.

Cultivo de arroz em terreno montanhoso, utilizando técnica de terraços ou degraus, no Vietnã, um país da Ásia, em 2016.

Algumas plantas dependem de muita água para se desenvolver. É o caso de algumas espécies que produzem arroz.

Outras espécies vegetais, como o mandacaru, desenvolvem-se bem em ambientes com escassez de água.

Em lugares onde as temperaturas são elevadas e quase não chove, é necessário utilizar a irrigação para cultivar a terra.

Irrigação em plantação de hortaliças no município de Teresópolis, estado do Rio de Janeiro, em 2014.

1. João é agricultor e vai comprar um sítio. Observe a tabela que apresenta as principais características de três sítios.

Sítio	Principais características dos sítios		
	Solo	Terreno	Água
Alegria	Fértil	Plano	Existente
Esperança	Improdutivo	Plano	Ausente
Três Irmãos	Fértil	Montanhoso	Existente

a) Em sua opinião, qual desses sítios João deve comprar? Justifique.

_____
_____
_____

b) Por que João não deve comprar nenhum dos outros sítios?

_____
_____
_____
_____

Antes de expressar sua opinião, **organize seus pensamentos** e **fale com clareza**. Assim, todos entenderão suas ideias. Seus colegas também vão expressar a opinião deles: **ouça-os com respeito e atenção**!

Plantar para consumir, plantar para vender

No Brasil, a prática da agricultura ocorre de maneira diversificada, dependendo do modo de vida das pessoas, das técnicas e dos recursos financeiros disponíveis.

Quando uma parte da produção agrícola se destina ao consumo do agricultor e de sua família e a outra parte é vendida para comprar outros produtos de que a família necessita, pratica-se a **agricultura de subsistência**.

Quando toda a produção agrícola é vendida dentro do país ou para outros países, pratica-se a **agricultura comercial**. Nesse tipo de agricultura, as propriedades se organizam como grandes empresas.

Agricultura de subsistência no município de Bom Jesus do Galho, estado de Minas Gerais, em 2016.

Subsistência: refere-se a sobrevivência, a sustento.

Colheita mecanizada de algodão cultivado em propriedade de agricultura comercial no município de Costa Rica, estado de Mato Grosso do Sul, em 2015.

A produção agrícola brasileira

O mapa a seguir mostra alguns dos principais produtos agrícolas cultivados no Brasil.

Brasil: principais produtos agrícolas

Legenda:
- Abacaxi
- Açaí
- Algodão
- Arroz
- Banana
- Batata-inglesa
- Cacau
- Café
- Cana-de-açúcar
- Coco da baía
- Erva-mate
- Feijão
- Laranja
- Maçã
- Mamão
- Mandioca
- Manga
- Melão
- Milho
- Soja
- Tomate
- Trigo
- Uva

Fonte: IBGE. *Produção agrícola municipal*: culturas temporárias e permanentes 2015. Rio de Janeiro: IBGE, 2016.

2 Esse mapa foi feito com base em informações fornecidas em qual documento? Quem é o autor desse documento?

3 Liste os produtos cultivados na unidade federativa onde você vive. Quais desses produtos você consome no seu dia a dia?

4 Arroz com feijão é um prato típico da culinária brasileira. Quais unidades federativas produzem cada um desses alimentos?

A atividade pecuária

Pecuária é a atividade de criação e reprodução de animais para fins comerciais.

Da pecuária obtêm-se carne, leite, couro, ovo, mel etc. Assim como a agricultura, a pecuária também fornece matérias-primas para a fabricação de produtos industrializados. Alguns animais são utilizados como meio de transporte.

Diferentes animais são criados na pecuária

Na pecuária, os principais tipos de gado são: bovino, suíno, caprino, ovino, bufalino, asinino e equino.

- **Gado bovino:** bois e vacas.
- **Gado suíno:** porcos.
- **Gado caprino:** bodes e cabras.
- **Gado ovino:** carneiros e ovelhas.
- **Gado bufalino:** búfalos.
- **Gado asinino:** asnos ou jegues e mulas.
- **Gado equino:** cavalos e éguas.

A criação de aves, conhecida como **avicultura**, e a criação de abelhas, conhecida como **apicultura**, também são atividades desenvolvidas pela pecuária.

5 A pecuária é uma atividade desenvolvida no lugar onde você vive? Se sim, que tipo de gado é criado?

Diferentes formas de criar o gado

Na pecuária, a criação dos animais pode ocorrer de diferentes maneiras.

A criação do gado pode ser intensiva ou extensiva. Vamos conhecer melhor essas formas de criar os animais.

Na **pecuária intensiva**, o gado é criado confinado e se alimenta de ração ou de pastagem cultivada.

Nesse tipo de pecuária são utilizadas técnicas modernas de criação. Leite e carne são os principais produtos obtidos na pecuária intensiva e abastecem as indústrias e o mercado consumidor.

Na **pecuária extensiva**, o gado é criado solto, em grandes áreas, e se alimenta de pastagem natural.

Em geral, na pecuária extensiva não são utilizadas técnicas modernas.

Carne e couro são os principais produtos desse tipo de pecuária. A carne abastece o mercado consumidor e o couro segue para as indústrias.

Criação intensiva de gado bovino no município de Lagoa da Prata, estado de Minas Gerais, em 2015.

Confinado: que está em lugar fechado; preso.

Criação extensiva de gado bovino no município de Terenos, estado de Mato Grosso do Sul, em 2016.

6. Com um colega, observem o mapa e respondam às questões.

Brasil: principais rebanhos e unidades federativas produtoras

Fonte: IBGE. *Produção da pecuária municipal 2015*. Rio de Janeiro: IBGE, 2016.

a) Quais são os principais rebanhos criados no Brasil?

___

b) No mapa, onde essa informação aparece?

___

c) As informações para a elaboração desse mapa foram obtidas em qual documento? Quem é o autor desse documento? Como vocês sabem?

d) Preencham o quadro informando em quais unidades federativas se desenvolve a criação destes animais.

Animais	Unidades federativas
Búfalos	
Bodes e cabras	
Carneiros e ovelhas	

7. De acordo com o mapa, há produção de algum tipo de rebanho na unidade federativa em que vocês vivem? Se sim, qual?

8. Pesquise em livros e na internet exemplos de produtos que são obtidos a partir de cada um dos principais rebanhos criados no Brasil.

Para ler e escrever melhor

O texto a seguir **descreve** a agricultura comercial.

A agricultura comercial

A agricultura comercial é aquela em que a produção agrícola se destina ao comércio. Nesse tipo de agricultura, em geral, pratica-se a **monocultura**, isto é, o cultivo de um único produto.

Geralmente, a agricultura comercial ocorre em **grandes propriedades** e utiliza **técnicas modernas de cultivo** e **diferentes máquinas** (tratores, colheitadeiras etc.).

Na agricultura comercial, o **trabalho é remunerado**, isto é, os trabalhadores recebem pagamento em dinheiro pelas atividades que realizam.

Colheita mecanizada de cana-de-açúcar no município de Presidente Bernardes, estado de São Paulo, em 2015.

1 Esse texto tem título? Se sim, qual?

_____

2 Quais informações sobre a agricultura comercial aparecem no texto?

☐ O que é a agricultura comercial.

☐ As principais consequências da agricultura comercial.

☐ Características da agricultura comercial.

☐ A evolução da agricultura comercial ao longo do tempo.

3 O que as palavras e expressões em negrito, no texto, destacam?

_____
_____

4 Complete as informações do esquema sobre a agricultura comercial.

Agricultura comercial
- Destino da produção: _____.
- Sistema de cultivo: _____.
- Tamanho da propriedade: _____.
- Procedimentos: técnicas _____ de cultivo e uso de diferentes _____.
- Tipo de trabalho: _____.

5 Escreva, no caderno, um texto sobre a agricultura de subsistência com base nas informações do esquema a seguir.

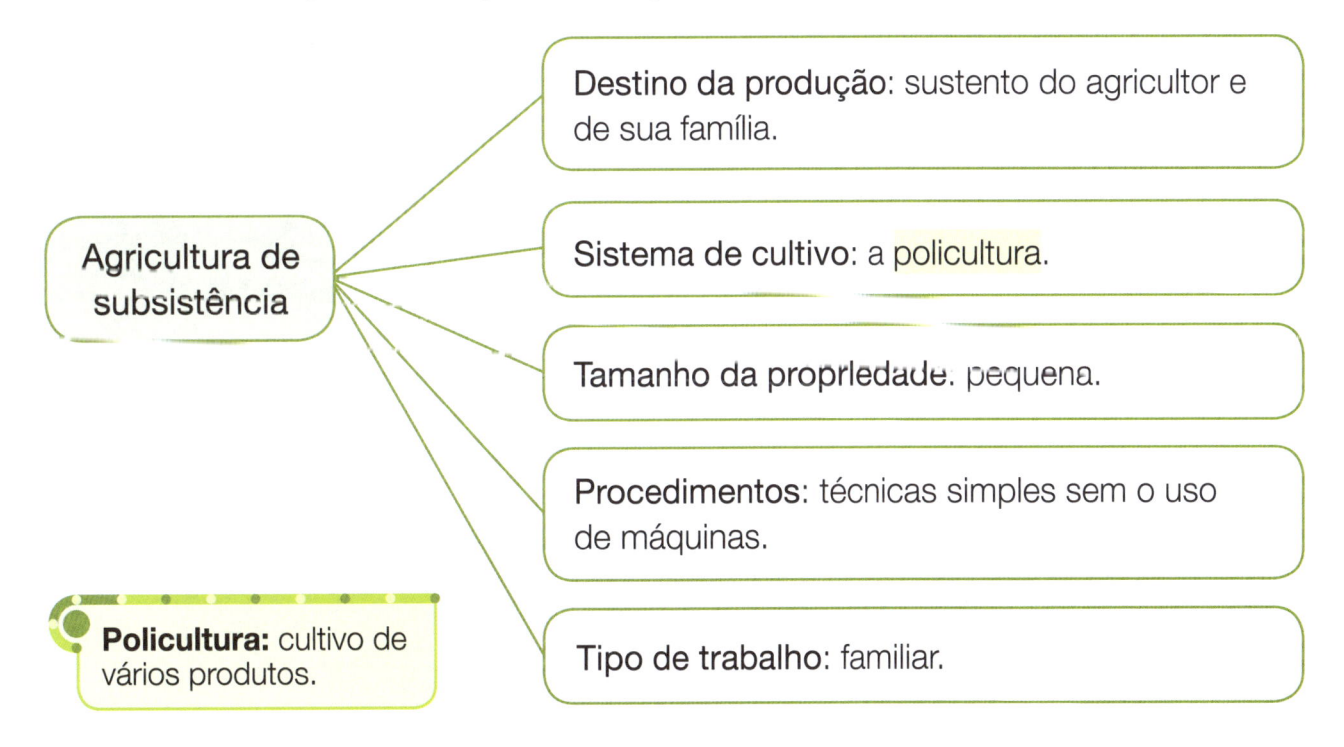

Agricultura de subsistência
- Destino da produção: sustento do agricultor e de sua família.
- Sistema de cultivo: a policultura.
- Tamanho da propriedade: pequena.
- Procedimentos: técnicas simples sem o uso de máquinas.
- Tipo de trabalho: familiar.

Policultura: cultivo de vários produtos.

- Destaque, no seu texto, as principais informações. Você pode escrever as palavras em cor diferente ou sublinhá-las. Lembre-se de dar um título ao seu texto.

CAPÍTULO 3
Os recursos naturais e a atividade extrativa

Transformando recursos da natureza

Por meio do trabalho, as pessoas fabricam os produtos e realizam os serviços de que necessitam.

Para atender a essas necessidades, as pessoas utilizam e transformam diversos recursos naturais.

Recurso natural é tudo o que está na natureza e pode servir para atender às necessidades das pessoas.

Observe a sua sala de aula. Nela, há uma porção de produtos fabricados com recursos da natureza.

1. Liste, em seu caderno, alguns produtos que você observou na sala de aula e identifique o recurso natural que foi utilizado em sua fabricação.

Os recursos naturais são renováveis ou não renováveis.

Recursos naturais renováveis

Os **recursos naturais renováveis** são aqueles que se renovam naturalmente ou podem ser repostos ou reproduzidos por meio da ação humana. É o caso da vegetação, pois podemos cultivar novas plantas. Água, ar, solo e energia solar são outros exemplos de recursos naturais renováveis.

Embora sejam renováveis, esses recursos devem ser utilizados de modo racional, evitando sua degradação e seu desperdício.

2. Quais recursos naturais renováveis aparecem na foto ao lado?

Paisagem no município de Barreirinhas, estado do Maranhão, em 2017.

Recursos naturais não renováveis

Os recursos naturais que não são repostos naturalmente nem podem ser reproduzidos pela ação humana são chamados **recursos naturais não renováveis**. Esses recursos podem se esgotar. O petróleo, por exemplo, é um recurso natural não renovável. Quando retiramos petróleo da natureza para produzir plásticos, tintas e combustíveis, entre outros produtos, não é possível substituir ou repor o petróleo utilizado.

Muitos recursos não renováveis são importantes para a atividade industrial. É o caso dos minérios de ferro, alumínio, cobre e manganês, por exemplo. Esses minérios são utilizados na fabricação de diversos produtos, desde panelas até aviões e computadores.

Outros recursos, como o carvão mineral, o gás natural e também o petróleo, são utilizados como fonte de energia.

Geralmente, os recursos não renováveis levam milhões de anos para serem formados na natureza. Por isso, devem ser empregados de modo racional, isto é, evitando desperdícios e abusos. Isso também vale para os recursos renováveis.

Utensílios domésticos de aço. O aço é fabricado com minério de ferro.

Exploração de minérios de ferro e de manganês no município de Corumbá, estado de Mato Grosso do Sul, em 2014.

Brasil: grande diversidade de recursos naturais

O Brasil é um país rico em recursos minerais, vegetais, hídricos e energéticos. Além de diversificados, esses recursos são, em geral, abundantes no território brasileiro.

- **Recursos minerais**: destacam-se os minérios de ferro, alumínio, cobre e manganês. Esses minerais são utilizados como matéria-prima de inúmeros produtos presentes em nosso dia a dia.
- **Recursos vegetais**: destacam-se a madeira, o látex e a castanha-do--brasil (também chamada de castanha-do-pará).

Plataforma de extração de petróleo no município do Rio de Janeiro, estado do Rio de Janeiro, em 2015.

- **Recursos hídricos**: a vasta rede de rios, lagos e águas subterrâneas do Brasil compõe os recursos hídricos do país. Esses recursos são utilizados para o abastecimento da população e das indústrias e para a irrigação e a geração de energia elétrica.
- **Recursos energéticos**: petróleo, gás natural e carvão mineral são recursos naturais muito utilizados como fonte de energia.

Usina hidrelétrica de Xingó, no Rio São Francisco, município de Piranhas, estado de Alagoas, em 2016. As usinas hidrelétricas utilizam a força das águas para gerar energia elétrica.

Brasil: principais recursos naturais

Legenda:
- Açaí
- Babaçu
- Carnaúba
- Castanha-do-brasil
- Erva-mate
- Madeira
- Palmito
- Piaçava
- Pinhão
- Sal marinho
- Gás natural
- Petróleo
- Alumínio
- Calcário
- Carvão mineral
- Cobre
- Ferro
- Níquel
- Ouro
- Manganês
- Estanho

Fontes: IBGE. *Produção da extração vegetal e da silvicultura 2015*. Rio de Janeiro: IBGE, 2016; Departamento Nacional de Produção Mineral (DNPM). *Anuário mineral brasileiro 2010*. Brasília: DNPM, 2011; Agência Nacional do Petróleo, Gás Natural e Biocombustíveis (ANP). *Anuário estatístico brasileiro do petróleo, gás natural e biocombustíveis 2016*. Rio de Janeiro: ANP, 2016; Departamento Nacional de Produção Mineral. *Anuário mineral brasileiro*: principais substâncias metálicas: 2016 (ano-base 2015). Brasília: DNPM, 2016.

3 Quais recursos naturais ocorrem na unidade federativa onde você vive?

- Classifique-os em recursos minerais, vegetais ou energéticos.

A atividade extrativa

Extrativismo é a atividade de extração ou coleta de recursos naturais para fins comerciais ou industriais.

Ao contrário do que ocorre na agricultura e na pecuária, no extrativismo o ser humano não participa do processo de criação ou de reprodução dos recursos extraídos.

Extrativismo de madeira no município de Paragominas, estado do Pará, em 2014.

Tipos de extrativismo

O extrativismo pode ser vegetal, mineral ou animal.

- **Extrativismo vegetal**: retira da natureza recursos vegetais, como madeira, látex e castanha-do-brasil (ou castanha-do-pará).
- **Extrativismo mineral**: extrai da natureza vários recursos minerais, como minério de ferro, carvão mineral, ouro e pedras preciosas.
- **Extrativismo animal**: engloba a caça e a pesca.

Garimpeiro cavando em garimpo de barranco no estado do Pará, em 2017.

Pescador no Rio de Contas, estado da Bahia, em 2016.

4 Marque a afirmativa verdadeira.

a) Por meio do extrativismo vegetal obtém-se matéria-prima para a produção de móveis. ☐

b) A panela de ferro é feita com recursos naturais obtidos do extrativismo animal. ☐

c) A pesca é um tipo de extrativismo mineral. ☐

• Reescreva corretamente as afirmativas falsas.

_____
_____
_____
_____

5 Ligue a matéria-prima ao produto industrializado.

Matéria-prima   Produto industrializado

① (toras de madeira)

② (barras de ouro)

Representações sem proporção entre si para fins didáticos.

a) Que tipo de extrativismo ocorre em cada caso?

_____
_____
_____

b) Que outros produtos podem ser fabricados com essas matérias-primas?

_____
_____
_____

O mundo que queremos

Petróleo: um dia ele vai acabar

Quando pensamos em produtos derivados de petróleo, logo nos lembramos dos combustíveis, como a gasolina e o óleo diesel. É certo que o petróleo é a principal fonte de energia utilizada no mundo, mas não é só para isso que ele serve. O petróleo também é utilizado na fabricação de plásticos, óleos lubrificantes, querosene, fertilizantes agrícolas, asfalto, pneus, borracha sintética etc. O petróleo está presente até no chiclete!

São muitos produtos, não é mesmo? Para fabricar tudo isso, é preciso muito petróleo e, como você já sabe, o petróleo é um recurso natural não renovável, o que quer dizer que um dia ele vai se esgotar. Quando isso acontecer, não será mais possível fabricar todos esses produtos.

Não podemos evitar que o petróleo se esgote um dia, pois continuamos a utilizá-lo, mas podemos contribuir para que isso demore mais para acontecer.

Tomando uma atitude

Para que o petróleo não se esgote rapidamente, devemos evitar o desperdício de produtos feitos à base de petróleo.

Como fazer isso? Reciclando o que for possível, como plásticos e borracha sintética, e evitando o consumo exagerado, ou seja, comprando apenas os produtos realmente necessários.

Mas será que isso vale só para o petróleo?

Não! Podemos evitar o desperdício e a degradação de todos os recursos naturais renováveis e não renováveis.

1 Além da gasolina e do óleo diesel, que produtos citados no texto têm petróleo em sua composição?

_____

_____

2 É possível evitar que o petróleo se esgote rapidamente? Se sim, como?

_____

_____

3 O que podemos fazer para evitar o consumo exagerado?

_____

_____

_____

4 Imagine o seu dia a dia sem os produtos originados do petróleo. No caderno, escreva contando como seria.

Vamos fazer

Muitas pessoas têm o hábito de consumir exageradamente. Elas compram diversos produtos sem que realmente necessitem deles.

Consumir de forma exagerada é uma maneira de desperdiçar os recursos naturais e contribuir para que eles se esgotem. A maioria das pessoas ainda não tem consciência disso.

Que tal promover uma campanha de conscientização na escola sobre as consequências do consumo exagerado? Então, siga as etapas e mãos à obra!

Etapas

1. Em grupo, discutam sobre as consequências do consumo exagerado e sobre atitudes que podem evitá-lo.
2. Anotem as ideias do grupo e elaborem cartazes mostrando algumas consequências do consumo exagerado e, também, sugerindo atitudes para evitá-lo. Utilizem frases curtas e ilustrações para compor os cartazes.
3. Apresentem os cartazes para a classe e, depois, espalhem-nos pela escola.

Na hora de escrever as atitudes que podem ser tomadas para evitar o consumo exagerado, chamem a atenção do leitor: **sejam criativos**!

CAPÍTULO 4 — A atividade industrial, o comércio e os serviços

A atividade industrial

Audiovisual
A produção industrial

Atividade industrial é o processo de transformar a matéria-prima em outro produto; por exemplo, transformar a cana-de-açúcar em açúcar. Atualmente, as indústrias utilizam modernas máquinas para produzir seus produtos, mas nem sempre foi assim.

Há muito tempo, os produtos eram fabricados de maneira artesanal: eram feitos manualmente, com a utilização de instrumentos e de ferramentas muito simples. Fabricava-se pequena quantidade de cada produto e praticamente não havia divisão do trabalho, isto é, todas as etapas da fabricação de um produto eram feitas pelo mesmo trabalhador.

Com a invenção das máquinas complexas, o modo de produzir mudou. A divisão do trabalho se intensificou, isto é, cada trabalhador ou grupo de trabalhadores passou a realizar apenas uma etapa da produção. Além disso, a utilização de máquinas complexas fez aumentar bastante a quantidade de produtos fabricados.

Indústria de automóveis no município de Jacareí, estado de São Paulo, em 2015.

1. A indústria é uma atividade que se destaca no seu município?

2. Compare dois modos de fabricar geleia de morango.

Fabricação industrial

Fabricação artesanal

a) Em que modo de fabricação:

- são utilizadas muitas máquinas?
  _____

- não há divisão do trabalho?
  _____

- o produto é fabricado em grandes quantidades?
  _____

b) Qual é a principal matéria-prima desse produto? Que atividade a produziu?
_____
_____
_____
_____

3. Escreva, no caderno, um texto comparando a fabricação industrial de geleia de morango com a fabricação artesanal.

Transformando a matéria-prima

Geralmente, as matérias-primas são provenientes do trabalho das pessoas na agricultura, na pecuária e no extrativismo.

Na indústria, a matéria-prima é transformada em outro produto.

O trigo obtido na agricultura, por exemplo, é transformado em farinha. A farinha de trigo pode ser comprada pelas pessoas para fazer biscoitos ou bolos. Ela também pode ser comprada por uma indústria, que a transformará em biscoitos, macarrão e outros produtos.

4 Observe a sequência de desenhos e responda às questões.

a) Qual é a principal matéria-prima na produção de farinha de trigo?

b) Qual é a atividade que produz essa matéria-prima?

c) Qual é a principal matéria-prima na produção de biscoitos?

d) Qual é a atividade que produz essa matéria-prima?

O comércio

Comércio é a atividade de compra e venda. É por meio do comércio que os diversos produtos da agricultura, da pecuária e da indústria chegam aos consumidores.

No comércio a **varejo**, as mercadorias são vendidas em pequena quantidade e a um preço unitário maior, diretamente ao consumidor, em feiras livres, supermercados, lojas ou *shopping centers*.

No comércio por **atacado**, as mercadorias são vendidas em grande quantidade e a um preço unitário menor, geralmente aos comerciantes, que, por sua vez, as revendem para os consumidores no comércio a varejo.

Os serviços

No setor de serviços, não se vendem mercadorias ou bens materiais, mas serviços, que são atividades realizadas para uma pessoa ou para uma empresa. Um médico, por exemplo, é um prestador de serviços. Ele não vende nenhuma mercadoria ao paciente; ele vende um serviço, isto é, atende o paciente, o examina, solicita exames, faz o diagnóstico e prescreve remédios, fazendo o que é preciso para curar uma doença, eliminar a dor e ajudar o paciente a ter boa saúde.

Além dos médicos, há muitos outros prestadores de serviços: motoristas, professores, enfermeiros, eletricistas, recepcionistas, dentistas, advogados, faxineiros, pedreiros, bancários, pintores, zeladores, porteiros, varredores de rua, artistas, entre outros.

Rua comercial no município de Teresina, estado do Piauí, em 2015. Essa foto mostra, também, um serviço. Qual?

5 Veja os ingredientes do bolo de cenoura que Marina fez.

a) Liste os ingredientes que ela usou.

_____

_____

_____

b) Quais desses produtos são industrializados?

_____

_____

c) Qual é a principal matéria-prima de cada um desses produtos?

_____

_____

_____

6 Responda às perguntas do quadro para diferenciar o comércio a varejo do comércio por atacado.

	Comércio a varejo	Comércio por atacado
A quantidade de mercadoria negociada é grande ou pequena?		
Geralmente, quem é o comprador?		
O valor unitário da mercadoria é menor ou maior?		

CAPÍTULO 5 — Relações entre campo e cidade

Campo e cidade: espaços que se complementam

As paisagens do campo e da cidade são diferentes. As atividades que predominam em cada um desses espaços também são distintas. No entanto, esses espaços se complementam e se inter-relacionam.

O campo fornece a matéria-prima para as indústrias da cidade e também alimentos para seus habitantes. A cidade, por sua vez, fornece ferramentas, equipamentos, fertilizantes, roupas, calçados, eletrodomésticos, entre outros produtos, e vários serviços para os habitantes do campo.

Dessa maneira, campo e cidade se complementam, se integram.

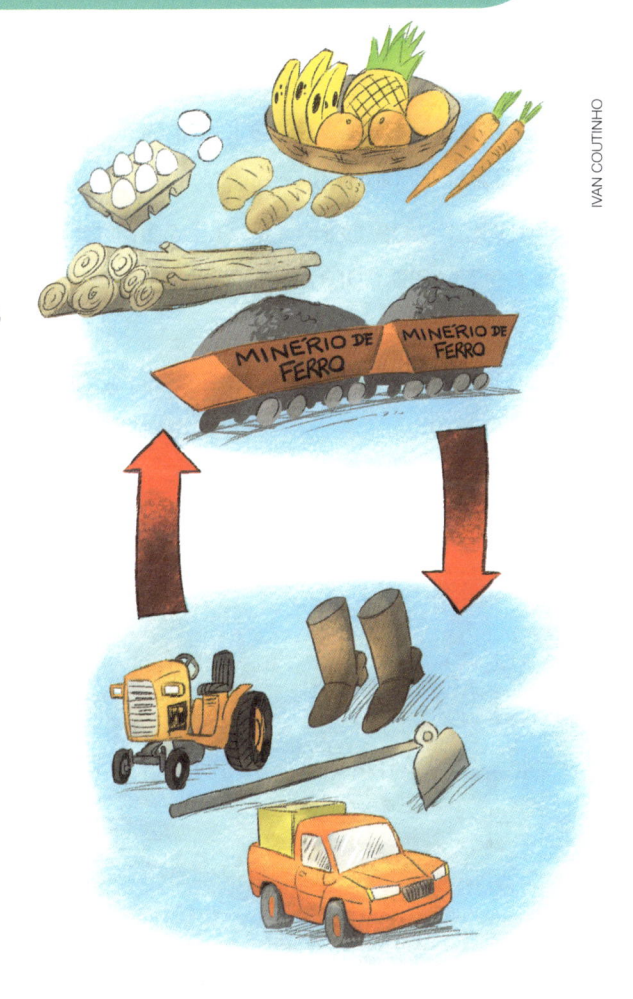

1. De que maneira o esquema ilustrado acima representa a interdependência entre campo e cidade?

Também podemos perceber uma integração entre os modos de vida rural e urbano. Assim, é cada vez mais comum que elementos e costumes do modo de vida urbano estejam presentes no cotidiano do habitante do campo e vice-versa.

A antena parabólica já faz parte da paisagem de muitas propriedades rurais, como se vê nessa moradia. Município de Pindaí, estado da Bahia, 2016.

A agroindústria integra as atividades do campo e da cidade

Em alguns locais, ocorre uma forte integração entre a atividade agropecuária e a industrial, formando uma **agroindústria**. Isso acontece quando uma indústria se instala no campo, no mesmo local ou em área próxima de onde se produz a sua principal matéria-prima.

Na agroindústria da cana-de-açúcar, por exemplo, a usina se instala junto ou próximo aos canaviais para transformar a cana-de-açúcar em açúcar e álcool, principalmente.

Há vários outros exemplos de agroindústria, como a da laranja, a da carne, a do papel e a do leite.

Canavial e usina de açúcar e álcool no município de Florestópolis, estado do Paraná, em 2015.

2 O que é uma agroindústria?

_____
_____
_____
_____

3 Com base nas fotos, explique a relação entre o campo e a cidade.

Interior de fábrica de tratores no município de Canoas, estado do Rio Grande do Sul.

Área rural no município de Mirassol, estado de São Paulo.

4 Junte-se a um colega, leiam o texto e respondam às questões no caderno.

A família Oliveira vive em um sítio onde produz leite.

A maior parte da produção de leite do sítio é vendida para uma agroindústria de laticínios, localizada próximo ao sítio.

Na agroindústria, o leite é utilizado para fabricar iogurtes, manteigas e queijos.

O iogurte e a manteiga que a família Oliveira consome são comprados no mercado da cidade.

a) A família Oliveira vive na cidade ou no campo?

b) O que a família Oliveira produz no sítio onde vive?

c) Para onde vai a maior parte do que a família produz?

d) O que a agroindústria instalada próximo ao sítio dos Oliveira produz? Qual é a principal matéria-prima desses produtos?

e) Quais desses produtos são consumidos pela família Oliveira? Onde esses produtos são adquiridos?

O que você aprendeu

Atividade interativa
A agricultura, a pecuária e o extrativismo

1 Quais atividades econômicas se destacam no seu município?
_____
_____

2 Carlos mora em um sítio onde cultiva alimentos.

a) Qual é o nome dado para a atividade que Carlos pratica?
_____

b) A produção obtida por Carlos é de subsistência. O que isso quer dizer?
_____
_____
_____

3 Circule as condições que favorecem a prática da agricultura.

existência de água	solo fértil	terreno montanhoso
falta de água	solo improdutivo	terreno plano

- Por que as outras condições não favorecem a prática da agricultura?
_____
_____

4 Leia e responda às questões no caderno.

Raul foi visitar a criação de bois de seu tio.

Ele observou que os animais ficavam soltos num grande campo e comiam grama que nascia do solo.

a) Que tipo de pecuária o tio de Raul pratica?

b) Como você descobriu isso?

c) Que produtos o tio de Raul pode obter desse tipo de criação?

148

5 Diferencie extrativismo vegetal de agricultura.

_____
_____
_____
_____
_____

6 Observe a imagem e responda.

a) A imagem mostra uma atividade do extrativismo. Que atividade é essa?

_____
_____
_____

b) Como você descobriu isso?

_____
_____
_____
_____

Garimpo de ouro no município de Sacramento, estado de Minas Gerais, em 2010.

c) Dessa atividade obtêm-se ouro e pedras preciosas. Que produtos podem ser feitos com esses recursos?

_____
_____

d) Que tipo de extrativismo é esse mostrado na imagem?

_____

e) Esse tipo de extrativismo é praticado no município em que você vive?

_____
_____

7 Que diferenças há entre as atividades de trabalho no campo e na cidade?

149

8 Escreva, na cruzadinha, as expressões que substituem corretamente os números nas afirmativas abaixo.

Na indústria, a ① é transformada em outro produto.

Na produção ②, os produtos são feitos manualmente, com a utilização de ferramentas muito simples.

Na produção ③, há maior divisão do ④.

Atualmente, na indústria, cada ⑤ realiza uma etapa da produção.

Com o uso de máquinas ⑥, é possível produzir uma quantidade maior de produtos.

9 Observe estes produtos.

Representações sem proporção entre si para fins didáticos.

a) Quais desses produtos são obtidos na pecuária?

b) Quais são os outros produtos representados? Em que atividade eles são obtidos?

10 Observe o processo de produção de uma camiseta.

a) Qual é a principal matéria-prima utilizada na fabricação:
- dos fios de algodão? Quem a produziu?
- do tecido? Quem a produziu?
- da camiseta? Quem a produziu?

b) Circule no desenho acima, de acordo com a legenda, as cenas que mostram as seguintes atividades:

| ▬ prestação de serviço | ▬ comércio atacadista |
| ▬ indústria | ▬ agricultura | ▬ comércio varejista |

c) Nesse processo de produção da camiseta, há alguma agroindústria? Explique.